QINGXU
ANNIU

情绪按钮

刘锁志 沈纲 编著

苏州大学出版社
Soochow University Press

图书在版编目(CIP)数据

情绪按钮/刘锁志,沈纲编著. —苏州:苏州大学出版社,2020.9(2024.9重印)
ISBN 978-7-5672-3327-0

Ⅰ.①情… Ⅱ.①刘… ②沈… Ⅲ.①情绪—自我控制 Ⅳ.①B842.6

中国版本图书馆 CIP 数据核字(2020)第 180338 号

书　　名:	情绪按钮
编　　著:	刘锁志　沈　纲
责任编辑:	周建兰
出版发行:	苏州大学出版社(Soochow University Press)
社　　址:	苏州市十梓街1号　邮编:215006
印　　刷:	苏州工业园区美柯乐制版印务有限责任公司
邮购热线:	0512-67480030
销售热线:	0512-67481020
开　　本:	700 mm×1 000 mm　1/16　印张:16.75　字数:193千
版　　次:	2020年9月第1版
印　　次:	2024年9月第2次修订印刷
书　　号:	ISBN 978-7-5672-3327-0
定　　价:	69.00元

若有印装错误,本社负责调换
苏州大学出版社营销部　电话:0512-67481020
苏州大学出版社网址　http://www.sudapress.com
苏州大学出版社邮箱　sdcbs@suda.edu.cn

致读者朋友们的一封信

亲爱的读者朋友：

很高兴认识你。我叫刘锁志，专注教育20多年，在重点公立学校工作十年，为追求教育真谛，我拜访了很多国内一线的顶尖教育专家。我一直努力在全国巡回演讲和线上网络授课，在全国累计演讲3 000余场，线上和线下听众超过100万人次。在接触大量的家长、孩子以及结合我个人学习心得之后，我发现了一些不为人知的教育规律和奥秘！最终我总结出一套行之有效的教育理论体系。一直以来，我都有一个教育梦：立志"做感动中国的教育"，希望用自己微薄的力量去帮助和影响更多的人。

在我致力于做家庭教育的20多年中，通过我的演讲，改变了很多家长，拯救过很多孩子。很多人和我素未谋面，只是在网络上看到我的免费视频，就已经学到很多教育理念，甚至改变了自己和孩子的命运。许多认真听过《情绪按钮》课程的家长，都能很好地处理与孩子的关系，激发孩子的学习动力，指导孩子学习取得进步，夫妻关系也更加和谐，家庭幸福指数得到极大提升。

这次将演讲内容整理成书出版，希望能帮助更多的人认识情绪、掌握调控不良情绪的方法，走出情绪的低谷，铸就幸福的人生。

优秀的人都在抱团，智慧的父母从不孤单！

第1章　认识情绪按钮

一、物质和财富不是带给人快乐的根本 / 1

二、好的事情和不好的事情的相对性 / 2

三、认识情绪按钮 / 4

四、人类的情绪按钮 / 7

五、认识四种基本情绪 / 8

六、良性情绪和不良情绪 / 9

七、情绪的一般表现形式 / 11

　（一）生理表现 / 11

　（二）主观感觉 / 11

　（三）行为冲动 / 12

　（四）表情动作 / 12

拓展阅读 / 14

　（一）人为什么容易有情绪 / 14

　（二）常见的不良情绪 / 14

（三）人的情绪为什么容易失控 / 19

（四）认识情绪爆发 / 20

第2章 情绪对人的影响

一、情绪对人身体健康的影响 / 23

（一）"米饭实验" / 24

（二）"气水实验" / 27

二、情绪对人心理健康的影响 / 28

拓展阅读 / 33

（一）不良情绪的危害 / 33

（二）情绪失控对于亲密关系的伤害巨大 / 34

（三）愤怒带来的后果 / 36

（四）控制脾气的钉子 / 36

（五）情绪左右你的认知行为 / 37

第3章 情绪的来源（一）

一、什么是情绪管理 / 39

二、人的情绪来源 / 40

（一）面子问题 / 40

（二）想得太多 / 45

（三）两端思维 / 50

（四）双重标准 / 52

（五）处理问题的方式 / 53

拓展阅读 / 56

（一）任何人都可能会有社交焦虑 / 56

（二）人到底在怕什么 / 56

（三）受到批评后的情绪特征 / 57

第4章 情绪的来源（二）

一、生命能量 / 59

二、生命能量的表达形式 / 60

（一）正面表达 / 60

（二）替代性表达 / 62

（三）错误表达 / 63

三、正确表达生命能量 / 64

拓展阅读 / 65

（一）关于自己喜欢和擅长的工作 / 65

（二）有一种幸福：做喜欢并且擅长的事 / 67

（三）如何正确地表达自己 / 68

（四）宽恕那些伤害过你的人 / 72

第5章 情绪的来源（三）

一、关于事实 / 74

二、不接受事实的原因 / 75

（一）贪心越重，不接受的事实越多 / 75

（二）执念越深，不接受的事实越多 / 81

拓展阅读 / 85

（一）错误的执念：是别人惹我生气的，不是我的错 / 85

（二）生气是犯傻，是拿别人的错误惩罚自己 / 86

（三）情绪是会相互传染的 / 87

第6章 情绪的来源（四）

一、不良示范造成的情绪问题 / 91

（一）孩子的情绪问题是父母的翻版 / 91

（二）社会环境的影响 / 93

（三）游戏、影视等的不良影响 / 94

二、教育行为带来的情绪负债 / 95

（一）什么是情绪负债 / 95

（二）情绪负债的三个来源 / 98

三、教育的本质 / 99

拓展阅读 / 102

（一）你跟孩子怎么说话，决定着他会变成什么样的人 / 102

（二）心字头上一把刀，忍住才不受伤害 / 105

（三）忍让的技巧，是让别人先出底牌 / 107

第7章 情绪的来源（五）

一、归因理论 / 109

（一）什么是归因理论 / 109

（二）归因理论研究的基本问题 / 109

（三）归因理论的常见错误 / 110

二、归因和情绪 / 111

三、人为什么会有错误的归因 / 118

四、出现错误归因后应该如何纠正 / 122

（一）主动承担责任 / 122

（二）主动学习，提高能力 / 122

（三）放下傲慢，接纳自己的不足 / 123

拓展阅读 / 128

我要负责任 / 128

第8章 情绪的来源（六）

一、生理因素 / 130

（一）身体疲劳 / 130

（二）患有疾病 / 131

（三）特殊时期 / 133

（四）气质类型 / 136

二、饮食习惯 / 138

拓展阅读 / 140

（一）情绪是一个警示信号 / 140

（二）情绪同样有规律可循 / 142

第9章 如何处理情绪——从表象的层面解决

一、宣泄法 / 148

（一）哭泣 / 149

（二）骂 / 150

（三）写 / 150

二、转移法 / 152

三、情绪防火墙 / 153

拓展阅读 / 157

（一）防止不良情绪的传染 / 157

（二）我的情绪我做主 / 159

（三）管理怒气的12个方法 / 160

（四）给生活加点让人愉悦的色彩 / 163

第10章 如何处理情绪——从理的层面解决（一）

一、表现法 / 166

二、满灌法 / 169

三、脱敏法 / 170

拓展阅读 / 171

（一）消除紧张情绪的10种方法 / 171

（二）学会遗忘失败与痛苦 / 176

第 11 章　如何处理情绪——从理的层面解决（二）

一、ABC 理论 / 180

二、人无法控制事件，但可以控制理念 / 183

（一）人应该得到对自己重要的人的喜爱和赞许 / 183

（二）有价值的人应在各方面都比别人强 / 184

（三）任何事物都应该按照自己的意愿发展，否则

　　就很糟糕 / 184

（四）一个人应该担心随时可能发生灾祸 / 185

（五）情绪由外界控制，自己无能为力 / 185

（六）已经定下的事是无法改变的 / 186

（七）人碰到问题，应该有一个完美的解决办法，不然

　　会很糟糕 / 186

（八）对不好的人应该给予严厉的惩罚和制裁 / 186

（九）逃避可能比面对责任和挑战容易得多 / 187

（十）要有一个比自己强很多的人做后盾 / 187

拓展阅读 / 187

（一）很多人误以为情绪调适只是成年人的事 / 187

（二）我们该如何应对愤怒的情绪呢 / 188

第12章　如何处理情绪——从理的层面解决（三）

一、不合理的理念 / 190

（一）教育孩子时常见的不合理的理念 / 190

（二）夫妻关系中常见的不合理的理念 / 191

二、该如何做 / 193

（一）自己跟自己辩论 / 193

（二）别人帮你矫正 / 195

（三）寻求专业人士的帮助 / 196

拓展阅读 / 196

（一）世间的事情没有绝对的好坏之分 / 196

（二）"73855"定律，教你如何让孩子"听话" / 199

第13章　如何处理情绪——从心的层面解决（一）

一、改变习惯 / 204

（一）改变饮食习惯 / 206

（二）养成锻炼身体的习惯 / 212

（三）改变说话的习惯 / 214

二、修炼正念 / 216

（一）多读正面语录 / 216

（二）多听正能量的声音 / 216

（三）给自己立一个正念 / 217

（四）积极地自我暗示 / 217

三、认、找、感、知 / 219

拓展阅读 / 221

（一）感恩过往的经历，建立自我价值认同感 / 221

（二）改变习惯——把最重要的事情放在前面 / 222

（三）求助他人 / 224

（四）培养加法思维 / 225

第14章　如何处理情绪——从心的层面解决（二）

一、训练觉知 / 227

二、改变圈子 / 232

三、修炼能量 / 232

（一）关于能量 / 232

（二）信念有大小 / 235

拓展阅读 / 236

心境豁达宽裕，就会更受欢迎 / 236

第15章　如何处理别人的情绪

一、如何觉察别人的情绪 / 239

二、如何帮助别人处理不良情绪 / 241

（一）冷处理 / 241

（二）行为支持（我与你同在） / 242

（三）语言安慰 / 242

（四）共情和提升 / 243

三、最高的情商是"善良" / 246

拓展阅读 / 247

（一）帮助他人的同时也提升了自己 / 247

（二）优越感倾听和同理心倾听 / 249

（三）对无理行为，要切中要害，反击要猛 / 252

第1章
认识情绪按钮

一、物质和财富不是带给人快乐的根本

人们经常有这样的想法:"为什么别人活得那么快乐,而我不能呢?"我们每天都会遇到很多开心的事,当然也会遭遇很多不愉快的事。人生在世,不可能事事如意、一帆风顺,因此,情绪的跌宕起伏在所难免。情绪是我们自己的,我们不应该被情绪牵着鼻子走,必须学会做情绪的主人。无论你是腰缠万贯还是穷困潦倒,不管你是步入仕途还是一介平民,青春年华和功名成就都不能陪伴你一生,能陪伴你一生一世的是你的心情。

心情,在心理学上叫情绪。情绪是什么?我们该如何认识情绪?又该如何管理情绪? 相信不同的人有不同的答案。

许多人追求功名利禄,得到后到底能给人带来多少幸福和快乐呢?科学研究发现,物质财富和地位上的成功,并不是让人长期幸福的源泉。简单地说,人即便获得了功名利禄又怎么样?衣食无忧,衣锦还乡,得到人们的赞美甚至仰望,似乎风光无限,一切尽在掌握之中,但这样的时刻能持续多久呢?扪心自问:这是你真正想要的生活

吗？你在人后的疲惫、空虚、茫然甚至抑郁，用什么来填补？当夜深人静、无人喝彩时，你真的有发自心底的自由、快乐与幸福吗？

2020年发生的新冠肺炎疫情，可能会让很多人对生命有一个新的认识，人们最终可能会发现，物质、金钱不是给我们带来快乐的根本，我们有很多的方法可以让自己快乐，仅拥有物质，未必拥有快乐的人生。

二、好的事情和不好的事情的相对性

在平时生活中往往喜忧参半，我们是愿意先听好消息还是愿意先听坏消息呢？相信绝大多数人都愿意先听好消息，只有少部分人愿意先听坏消息。

如果你选择先听好消息，说明你是乐天派。因为人生苦短，如果我们总想着那些坏消息或不好的事情，痛苦可能会更多。选择先听好消息的人，他们往往乐观向上，更积极地创造美好生活。

选择先听坏消息的人可能更了不起，因他们知道人生不可能一帆风顺，如果提前把一些该吃的苦都吃了，该忍受的都忍受了，做到未雨绸缪，就能更好地防患于未然，为最坏的可能做准备。

所以一个能够倾听坏消息、先苦后甜的人，这样的人往往具备成大事的特质。因此，无论是先听好消息还是先听坏消息，都没有问题，只要能积极地面对好消息或坏消息，我们都能成功。

不同的人对同一个消息，可能会有不同的反应，有的人认为这是

好消息，有的人则认为它糟透了。2020年由于新冠肺炎疫情的影响，大多数人无法到现场去听课，只能线上上课。有的人认为，这样多好啊！课程完全未受疫情的影响，而且能听到名师授课。但有的人认为它是一个坏消息。这是因为线下授课时，老师的肢体语言较多，还能和现场的学生互动，学习气氛浓厚。而线上授课效果大打折扣。

同样的一件事情，它既可以是好消息，也可以是坏消息，其实取决于你的心态，如果你心态好的话，无论什么不好的事情它都有可能成为好事情；而如果你心态不好的话，无论什么好的事情都有可能变成不好的事情。

世界遭受突如其来的新冠肺炎疫情，正常来说，它肯定不是一件好事情，毕竟很多人遭到感染，忍受病痛的折磨，甚至还有一些人失去了宝贵的生命，等等，从这个角度来讲，疫情不是好事情。

但是从另外一个角度来看，此次疫情很有可能强化人们的健康观念，从而改善人们的饮食、锻炼等生活习惯。对于国家而言，此次疫情还反映出卫生医疗保障系统的诸多问题，对于进一步完善相关政策有积极的作用。除此之外，很多有创意的线上公司利用网络资源居家办公，在行业里脱颖而出，对这类公司来说就是一件好事情。

另外，在疫情期间，很多孩子可能在家里没有办法安心读书，对父母来说是件坏事情。但从另一角度看，孩子与父母待在一起的时间久了，可以增进感情，父母可以培养孩子正确的价值观和人生观，这是好事情……

三、认识情绪按钮

有句话说得好,我无法改变事实,因为这个事情已经发生了,但我可以改变自己的心情。心情是什么?就是每个人的情绪。既然事情已经发生了,我们不要因为这个事情让自己情绪不好,不要用别人的错误来惩罚自己,更不要因为自己情绪不好就惩罚别人。所以我们常说要做情绪的主人,即我的情绪我做主。

那怎么样才能控制自己的情绪呢?我们只有先研究情绪到底是怎么回事,知晓它的特点,了解它的来龙去脉,才能对症下药。我们通常都有一个错觉,以为情绪发泄出来了问题就解决了,我们把发泄情绪当作解决问题的手段,实际上这种观点是错误的。例如,当我们看到孩子玩手机、电脑,而不写作业、不吃饭时,是不是控制不住情绪?把情绪都发泄出来,孩子以后就真的听话了吗?

案例1：

  村子里有户人家养了一只凶猛的大狼狗。乡村邻里之间经常串门，唯独养着大狼狗的这家很少有人来，因为大家都害怕被这只狼狗咬到。狼狗的主人也发现了这个问题，为了避免狼狗咬伤人，主人用铁链将大狼狗拴在铁笼里。由于大狼狗被锁起来了，小朋友们就决定报复这只狼狗，每次都会安排一个小朋友捡起一块石头扔向这只大狼狗，大喊一声："你这只死狗！"并且用力地跺一跺脚。这时，大狼狗总会狂吠不止。当狼狗不叫的时候，就会有另外一位小朋友做同样的事情，扔石头，跺脚。可想而知，大狼狗又开始狂吠不止。这样的行为周而复始地出现。

大概一个月后，大狼狗的嗓子嘶哑了。有一天，又有一位小朋友向这只狼狗扔了一块较大的石头，刚好砸在大狼狗的身上，这一次大狼狗变得非常生气，尽管被锁在笼子里，它还是凶猛地向小朋友方向冲过来，但被脖子上的链条狠狠地拽了回去。这时大狼狗更加生气，似乎用了更大的力气向前冲，但又被铁链狠狠地拉了回去。就这样反复几次之后，这只大狼狗突然摔倒在地，没多久就气绝身亡了！

现在市面上售卖的洋娃娃身上有很多有意思的按钮，有的按钮被按下去之后，洋娃娃就会不停地喊"爸爸"，有的不停地喊"妈妈"，有的不停地哭，有的不停地笑。这只洋娃娃被我们控制住了，我们可以通过按住某一个按钮让它生气、开心甚至喊人。这个情形和那只大狼狗的情形挺相似，那就是我们有办法让它们生气。每当拿石头扔向大狼狗并且用力跺脚，大狼狗就会狂吠，这种行为就像是按住了大狼狗身上的生气按钮。

四、人类的情绪按钮

人有时候为什么会生气呢？人身上到底有没有情绪按钮呢？其实我们每个人身上有很多的情绪按钮。比如，孩子的考试成绩、学习态度、作息规律等都是你的情绪按钮。再比如，因为老公或太太说了一句话，妻子或丈夫就会暴跳如雷，这句话不就击中了他们的生气按钮了吗？

假如你身上有一个生气按钮被别人发现了，别有用心的人又专门盯着你的生气按钮，这个后果很危险。如果我们不能够很好地控制或处理自己的情绪按钮，那我们的情绪很有可能经常会被别人掌控，所以我们应该拆除这些按钮。

五、认识四种基本情绪

要想拆除这些情绪按钮，首先我们得找到这些情绪按钮在哪里。在寻找这些情绪按钮之前，需要思考几个问题：引起情绪的事件是什么？这是一种什么情绪（如开心、焦虑、愤怒、紧张、委屈等）？估计很多朋友会说：孩子做作业拖拖拉拉，我很生气；孩子总在玩手机，我很生气；老公经常打麻将，我很生气……再思考以下几个问题：你生气之后孩子写作业的效率提高了吗？孩子不再玩手机了吗？老公不再打麻将了吗？

思考平时的所作所为会发现自己的情绪真的挺多。在心理学中，情绪被划分为四种基本情绪：第一种是喜悦，如开心、高兴等；第二种是愤怒，如生气、暴躁、郁闷等；第三种是恐惧，如紧张、害怕等；第四种是悲哀，如悲伤、委屈等。

同一种情绪中，不同的词语表达情绪的程度有所不同。例如，"兴高采烈"表达喜悦的程度比"心情愉悦"要高，"怒发冲冠"表达愤怒的情绪比"暴躁"要强烈。

我们把这四种基本情绪分为两个层面：积极情绪和消极情绪。积极情绪带有强大的正能量，而消极情绪带有极大的负能量。但拥有积极的情绪就一定好吗？可以肯定的是，拥有消极情绪一定不好，但积极情绪也不能过度，如成语"乐极生悲"表达的就是这个意思，过度兴奋也会对身体造成伤害。

六、良性情绪和不良情绪

我们可以用很多具体的词汇来描绘情绪，如将情绪描绘成愉快的或不愉快的，高兴的或不高兴的，满意的或不满意的，温和的或强烈的，等等。这里可以将情绪分为良性情绪和不良情绪。

我们该保持一种什么样的情绪呢？答案肯定是良性情绪。所谓良性情绪，是指稳定的、积极的情绪，这种积极情绪的波动起伏不会特别大。

与之相反的是不良情绪，不良情绪是指那些消极或者过度积极的情绪。人的不良情绪主要有两种：首先是过度的情绪反应，是指情绪

反应过分强烈,如狂喜、暴怒、悲恸欲绝、激动不已等,超过了一定限度。其次是持久的消极情绪,是指人在引起悲、忧、恐、惊、怒等消极情绪的因素消失后,仍长时间沉浸在消极状态中不能自拔。[①]

我们要努力让自己保持在良性情绪当中,这并不是说不可以有不良情绪。当我们愤怒时,也许是我们的身体和大脑在试图保护一些非常重要的东西——也许是我们的尊严,也许是我们早已遗忘的童年创伤被激活。愤怒告诉我们,也许是时候去正视它、放下它,以便让我们更好地生活。

情绪本身并无好坏,也无对错。关键是:在情绪中,你对自己说了什么、做了什么,你对别人说了什么、做了什么,这才决定了我们与自己、与他人是否能够保持和谐的关系。我们的学习目标就是不断完善良性情绪和不良情绪的配比,努力让良性情绪占据主导地位。

---

① 牧之.情绪急救:应对各种日常心理问题的策略和方法[M].南昌:江西美术出版社,2017:9-10.

七、情绪的一般表现形式

（一）生理表现

情绪会引起人们的某种生理反应，这在生活中司空见惯。比如"怒发冲冠"这四个字就是形容人极度愤怒而让头发都竖起来了，虽然有一点夸张，但能很好地说明情绪反应与生理变化之间的关系。还有些人害羞时会脸红，也是情绪反应中的生理变化；反之，我们通过脸红，就可以知道这个人可能害羞了。

另外，情绪的变化也会受神经系统的控制。人的神经系统分为自律神经和向律神经。向律神经不受人的完全控制；而自律神经则可以通过大脑的控制指令自我调节情绪。当你很兴奋的时候，自律神经会告诫自己要保持冷静；当你很激动的时候，自律神经又会自我调整到缓和的状态。

（二）主观感觉

不同的人面对同一种事物，反应不一定相同，这就是主观感觉特征。比如有的人看到晴天会产生愉悦感，讨厌阴雨天；而有的人则喜欢雨天漫步，讨厌艳阳高照。他们对于天气的不同感受也同样影响着其自身的情绪。不同的人可以有不同的主观感觉，或高兴或生气，或喜欢或不喜欢，这都是自己的情绪，与他人关系不大。即使面对相同的情况，每个人的反应也不尽相同。因此，我们要尊重彼此的情绪，不要将自己的感觉推己及人。错误地通过自己的主观感觉去判断别人的主观感觉，很有可能会弄巧成拙。

另外，需要注意的是，主观感觉的私人化特征比较明显。对一件事物不同的主观感觉，对情绪的影响也不尽相同，"将心比心"，应当站到别人的立场去想问题，观察问题，尤其不要将自己的主观感觉强加到别人身上，剥夺别人的情绪感知权利。正所谓"己所不欲，勿施于人"。

（三）行为冲动

行为对人的情绪影响分为正面影响和负面影响，好的行为能够促进积极情绪的产生，然而行为上的冲动则容易导致负面情绪的产生。[①]比如，学生考试成绩不好，老师通过研究、总结，发现学生成绩下滑的原因，鼓励学生，缓解学生的焦虑情绪，从而促进学生学习的进步；反之，若老师一味责怪学生，学生就会出现抵触情绪，进而厌恶学习。因此，在冲动之前需保持冷静，才能避免冲动之后的后悔。

（四）表情动作

喜欢某件东西时会表现出高兴，厌恶某人时会撇嘴，看东西时会很专注……表情动作这一特征对于全人类来说基本都是一样的，大家都能从表情动作上看出个人情绪的变化，这也是不需要语言的"世界语"。然而，很多情绪并不是表面上的表情动作就能体现出来的，不同的后天教育和文化的影响，表情动作表现的方式、方法也不一样。

---

① 陈世民，吴宝沛，方杰，等.钦佩感：一种见贤思齐的积极情绪[J].心理科学进展，2011，19（11）：1667-1674.

中西文化有差异，即使表达同一种情绪，个人采用的表情动作也会有所不同，西方人喜欢自然地表现出喜怒哀乐的情绪，中国人则讲究含蓄；美国人认为一个人有话就说是有能力的表现，中国人在很多时候会被认为是"出风头"，容易成为众矢之的，"枪打出头鸟"。大学生走上工作岗位，尤其要注意如何利用表情动作去合理表达情绪，不能不表现，也不要乱表现，适当地表现才是比较合理的。

了解了这四种表现形式之后，我们就能更好地把握自身和他人的情绪。要注意：若长期刻意压制自己的情绪反应，对精神与身体都是非常有害的。

智慧语录

活着就是胜利，挣钱只是游戏，健康才是目的。

物质不能决定幸福。

我无法改变事实，但我可以改变心情。

控制情绪按钮，开启人生幸福。

拓展阅读

（一）人为什么容易有情绪[①]

我们为什么容易有情绪？为了生存。得克萨斯大学的心理学家 Kristin Neff F. 博士说，几千年前，当我们的祖先在篝火边围坐聊天时，那些积极乐观、放松随意的人，会比那些负面思维较多、紧张戒备的人，更容易被狮子叼走。我们的大脑具有天然的倾向，就是关注负面情绪。不幸的是，这种倾向对于人类生存有益处；对于幸福却毫无帮助。人们遇到不舒服时，都会与之对抗。这种对抗虽然在生理层面保护了我们，但是在心理上并非如此。比如，当我们面临实际危险时，本能反应是战斗、逃跑或僵住不动，直到危险过去。但当危险来自我们的内在，我们遭受负面情绪的攻击时，我们是怎么做的呢？我们对抗的本能就变成自我批评，逃跑的本能会使我们与人隔离、变得孤独，而僵住不动则像大脑被卡住了，一遍又一遍地问自己："为什么是我？""为什么这件事发生在我身上？"当我们与情绪对抗时，负面情绪会越战越勇，这只会让对抗愈演愈烈。

（二）常见的不良情绪[②]

1. 愤怒

它是人对客观现实的某些方面产生的不满，或者个人意愿一再

[①] 海蓝博士. 不完美，才美Ⅱ：情绪决定命运［M］. 广州：广东人民出版社，2016：25-26.

[②] 邓峰. 情绪掌控术［M］. 汕头：汕头大学出版社，2014.

受到阻碍时产生的一种身心紧张的状态。人在需求未得到满足、遭到失败、遇到不公、人身自由受到限制、言论遭到反对、受到别人侮辱、隐私被别人曝光、上当受骗等多种情况下都会产生愤怒情绪，愤怒的程度因不同的个人气质和引发原因而有不满、生气、恼怒、大怒、暴怒等不同层次。愤怒是一种短暂的情绪紧张状态，一般来得急、去得快，但在短时间内会产生较强的紧张情绪和行为反应。也就是说，愤怒这种情绪富有冲动性。

2. 恐惧

恐惧使许多人无法履行自己的义务，因为恐惧消耗着他们的精力，使他们的创造力严重下降。心存恐惧的人是无法充分发挥其拥有的才能的，遇到困难时常常感到无从下手。恐惧能毁灭人的自信，让人变得优柔寡断。恐惧还会让人动摇，做事时失去信心，人也变得犹犹豫豫。如果我们勇敢面对，到头来就会发现我们需要的不过是多一点坚持、多一点勇气而已。

3. 忧虑

忧虑可损害人的健康，磨灭人的创造力，消耗人的精力，使许多本来可以有所作为的人最终平凡、庸碌而死。驱除忧虑最好的方法是随时保持愉快的心情，不要总纠缠于生活中的挫折和不幸。当觉察到自己忧虑和恐惧时，必须立刻在心中建立起自信、树立起信心，不要坐视这些剥夺你幸福的敌人在你心中盘踞。

4. 怯懦

首先，怯懦的人只顾眼前，唯唯诺诺、见难就退、见危就避，凡事都过分小心。其次，怯懦的人往往被动地屈服于外部势力，主动向困难低头、向挑战认输。长此以往，他们就会失去人本该拥有的喜怒哀乐，对生活失去希望，享受不到人生的乐趣。

5. 嫉妒

嫉妒有两方面的意义。一方面，嫉妒具有积极的意义，嫉妒曾被伊丽莎白比作爱情的卫士。恋人之间反对对方接触其他异性朋友，正反映了他（她）对你的爱的程度。反之，如果他（她）从不"吃醋"，那么你们的感情一般，或者已经到了危险的地步。因此，嫉妒在爱情中是有一定积极作用的。如果嫉妒能够转化为前进的动力，则是积极的。

另一方面，嫉妒在很多时候表现出消极的作用。嫉妒常常会导致中伤别人、忌恨别人、诋毁别人等消极的行为。嫉妒常常与心胸狭隘、缺乏修养分不开。心胸狭隘的人会因一些微不足道的小事而产生嫉妒心理，别人任何超过他的地方他都会嫉妒。缺乏修养的人会将嫉妒心理转化成消极的嫉妒行为，影响人际的交往活动。

6. 猜疑

一般来说，出现猜疑情绪主要有以下两个原因。首先，缺乏安全感。一个人如果总是担心自己在人际交往中不安全，他就难免对周围的环境疑虑多端、忧心忡忡。其次，曾受过沉重打击。一个人如果受过打击，尤其是当这种打击来自信任的某人时，给他的伤害是最重的，他会引以为戒，从一个极端走向另一个极端，从完全信任他人变成毫无根据地猜疑所有的人。

7. 虚荣

虚荣心强的人喜欢高声喧哗、哗众取宠，希望他人伴随左右，喜欢参加各种集体性活动。从根本上说，虚荣源于自卑，是极力想得到荣誉或别人尊重的一种心理表现。一般来说，虚荣情绪表现在以下几个方面：不择手段追逐名利；特别爱面子；靠外表赢得别人仰慕；处处挑剔别人；制造优越感；以自我为中心；拨弄是非；喜欢冒险；夸夸其谈；处处想引起别人的注意和羡慕；等等。对于虚荣心理的人而言，得到他人的注意、赞同、赞扬，是最有价值、最光彩的事。一旦虚荣心得不到满足，他就会产生自卑情结。

8. 自卑

一般情况下，人们的自卑感主要表现出以下几种模式：

（1）孤僻怯懦型。由于深感自己处处不如别人，因此，谨小慎微成了这类人做人、做事的风格。他们不参与任何竞争，不肯冒半点风险。

（2）咄咄逼人型。这种人在极度自卑以及采用屈从的方式不能减轻自卑之苦时，就会转为争强好斗的行为方式。脾气暴躁、动辄发怒，即便是一件微不足道的事情都可能成为此类人挑衅闹事的导火线。

（3）滑稽幽默型。扮演滑稽幽默的角色，以笑来掩盖自卑，这也是一种常见的自卑的表现形式。美国著名的喜剧演员费丽丝·蒂勒相貌丑陋，为此她变得孤僻自卑，于是她运用笑声，尤其是开怀大笑，以掩饰内心真实的情感。

（4）否认现实型。在这种行为模式下，人们不愿看也不想思考自卑来自哪里，采取否认现实的行为摆脱自卑，如借酒消愁，以此换取短暂的解脱。

（5）随波逐流型。由于自卑而丧失信心，因此，尽力使自己和他人一样，唯恐有与众不同之处。他们害怕表明自己的观点，常放弃自己的想法，努力寻求他人的认可，始终表现出一种随大流的状态。

（6）高度敏感型。高度敏感是自卑最主要的表现形式，只要别人对其他人照顾较多，对他稍有怠慢，他就认为这是一种蔑视；别人只要求改变约会的时间，或迟到了一会儿，他就觉得自己在他人的心目中不重要。即使是别人的一个毫无恶意的玩笑，他也会觉得深深地刺痛了他，因而长时间不开心。

（7）怨天尤人型。有些人为了掩饰自卑，就把对自己的不满投射到外界和他人身上，变责己为责人。习惯地埋怨和责备他人的人自感无能，于是通过抬高自己的方式贬低他人。贪心和自私的人深感自卑，他们在自己的要求和欲望中沉迷，不惜任何代价达到目的，以弥补自卑。他们很少有时间和兴趣关心别人，甚至连爱自己的人也不关心，只沉迷于自己的问题。从表面上看，他们似乎有些自傲，其实是自卑。

（8）吹毛求疵型。当一个自卑的人觉得别人不接受或不符合自己的标准时，就会故意挑别人的差错，试图通过说自己正确、别人错误来弥补自卑感；或者迁怒于人，认为别人都在和他作对，于是开始讨厌身边之人，有时还会嫉妒、仇恨别人，对别人非常苛刻。这种人或者以某种优越感炫耀自己内在感受的不足，或者用一种显示自己强壮

有力的生活方式欺骗心中的自卑,再或者以统治别人甚至施暴来补偿心灵的空虚。

(三)人的情绪为什么容易失控

案例 2:

一位妈妈曾说过,她的儿子上小学三年级,学习成绩不太好,考试总不及格,一天下午,孩子放学回家,拿着不及格的试卷找她签字。她一看,孩子考试成绩又没及格,气就不打一处来,臭骂了孩子一顿,没忍住还打了孩子两下。孩子捂着被打得有点红肿的脸,大哭到了晚上。夜深人静时,她心里特别难受,躺在床上翻来覆去睡不着。她非常后悔,觉得自己不应该打骂孩子,孩子成绩不好,自己也没有好好帮助孩子如何提高成绩,可是看到不及格的成绩就是控制不住情绪,这该怎么办呢?

如果做父母需要持证上岗,那么情绪的管理、疏解能力是一道重要的考题。很多父母都有过情绪控制不住、动手打孩子的经历,原因有多种,如孩子磨人、缠人、大哭大叫,孩子调皮捣蛋、无理取闹、浑不讲理,孩子闯祸打碎了东西,孩子把家里搞得一团糟,孩子学习马马虎虎、不认真,或有时自己心情不好、压力大……父母在与孩子日复一日相处的时间里,每天都能冒出无数个理由,让自己情绪失控。这些瞬间,分分钟会打开父母情绪失控的开关,让人有种脑袋要炸裂的感觉,只想一声怒吼掐断孩子的哭闹,一巴掌挥下去让世界变得安静起来。然而,没有无理取闹的孩子。孩子闹都是有原因的,

只是父母不知道或者不想花时间去探究，一刀切地说孩子无理取闹。这样一来，责任就不在父母身上了，自己心里会舒服很多。

事实上，孩子是被冤枉的。长此以往，孩子会认为，爸爸妈妈根本不懂我，"你们满嘴是爱，却面目狰狞"。虽然他们的这种想法非常刺痛父母的心，但却是孩子的真实感受。与此同时，父母也感觉很冤枉，明明自己对孩子的爱天地可鉴，孩子却感受不到。要让孩子感觉到爱，父母一定要过情绪管理这道关。

（四）认识情绪爆发[①]

1. 情绪爆发极为迅速

情绪爆发往往是非常迅速的，以致人们很难判断事态和思考应对的方法。其速度之快往往让人认为情绪爆发是无法预知的，因为它们总是出现得非常突然。其实，这只是一种感觉，它并不能作为评判事实的最佳标准。

2. 情绪爆发需要参与者

情绪爆发是一种需要他人参与的社会活动，爆发者即便找个隐秘的地方爆发，在其心里也是有爆发对象的。

3. 情绪爆发是一种表达

情绪爆发者往往想通过自己的极端行为来向外界表达自己的情感与思想。一般地，他们因找不到合适的话语而用行为以引起其他人产

[①] 程灵. 情商提升课堂：解读情绪调控的密码 [J]. 新教师，2019（4）：12-14.

生同样的感受。当知道自己的感受被别人理解时,他们的那种极端行为或许就不会发生。

4. 情绪爆发会反复进行

情绪爆发是系列事件,而不是单独一个事件。反复是大多数情绪爆发的关键要素。反复地爆发会增强和延长这一爆发事件本身。如何化解反复至关重要。当遇到让你手足无措的事件时,可以想方设法稳定这个事件,以防它再次发生。

第2章
情绪对人的影响

情绪对人到底有什么样的影响呢?这种影响主要反映在两个方面:第一方面,情绪影响个体的身体健康;第二方面,情绪影响个体的心理健康。

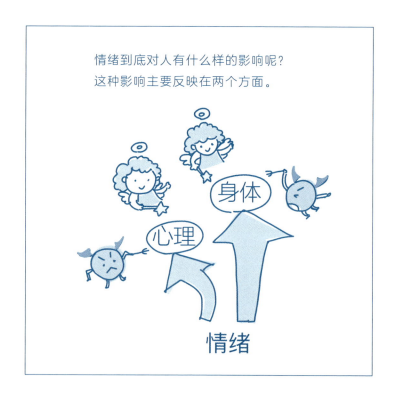

情绪到底对人有什么样的影响呢?
这种影响主要反映在两个方面。

一、情绪对人身体健康的影响

情绪到底是如何对一个人的健康产生影响的？我们可以回想一下有没有这样的经历：当我们非常生气的时候，有没有说过我的脑袋要被你气炸了，我的胸口好闷，我的身子在颤抖，等等。可见情绪是可以引起个体不同的生理反应的，过度的情绪可能会引起更剧烈的反应：愤怒的情绪可能会让你面红耳赤、身体颤抖；恐惧的情绪可能会让你冒冷汗、身子发抖；郁闷的情绪可能会让你觉得胃部发胀，失去胃口，甚至无法入眠。

下面分享一个关于水的故事，这是一个非常有趣而且神奇的实验，相信我们看完这个故事一定会感到非常惊叹！日本著名社会学家江本胜通过研究发现，让水阅读文字或者与水对话，它都能感受到，从而结出不同形状的结晶体。实验中，实验人员对水说了不同的话语，然后将这些水分别冻成冰块后放在显微镜下观察，研究人员发现了神奇的结果图（2-1）[①]。

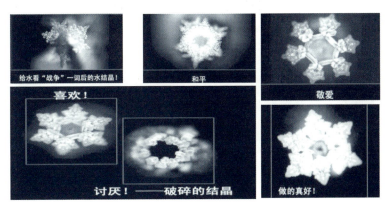

图 2-1

---

① ［日］江本胜：水知道答案［M］.海口：南海出版公司，2009.

我们对这个实验结果提出过质疑，水真的会接收到情绪，又可以呈现出不同的结晶状态？为了验证这一实验，我们按照《水知道答案》一书中第91页的方法做了一个"米饭实验"[①]。

（一）"米饭实验"

首先将锅具洗干净，然后煮出一锅洁净的米饭。准备三只透明的玻璃杯，每只杯子装入等量的米饭。这个时候准备两张字条，第一张字条上面写着："你真美，谢谢你！"第二张字条上面写着："浑蛋！你真恶心！"这两种字条各写两张，分别贴在装有米饭的杯子内侧和外侧（图2-2、图2-3），玻璃杯内侧也要贴上字条，就是为了让米饭也能看到这些文字。第三只杯子不贴字条（图2-4）。然后用保鲜膜将杯子密封起来。处理完毕后，将这三杯米饭放在同样的常温环境下静置一段时间。

图2-2

图2-3

图2-4

实验进行到第三天时，写有"你真美，谢谢你！"的杯子，其保鲜膜上结有近乎均匀的水珠，米饭颜色几乎没有变化（图2-5）；没有任何字条的杯子，其保鲜膜上没有任何水珠，且米饭开始发霉变红（图2-6）；而写有"浑蛋！你真恶心！"的杯子，米饭几乎全部长了霉菌（图2-7）。

---

① "米饭实验"：该实验名称及实验方法取自江本胜先生《水知道答案》一书。

图 2-5

图 2-6

图 2-7

当实验进行到第 7 天时，写有"你真美，谢谢你！"的玻璃杯中，米饭仍保持洁白色，散发出米香味，保鲜膜上仍有丰富的水珠（图 2-8）；没有任何标签的杯子中，米饭霉变的程度进一步加深（图 2-9）；而写有"浑蛋！你真恶心！"的杯子中，米饭进一步恶化，并开始产生大量水汽（图 2-10）。

图 2-8

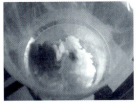
图 2-9

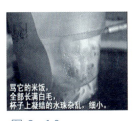
图 2-10

当实验进行到第 30 天的时候，写有"你真美，谢谢你！"的杯子中，米饭开始发酵变成粉红色，并散发着米醋的味道（图 2-11）；而写有"浑蛋！你真恶心！"的杯子中，米饭已经彻底腐烂（图 2-12）；第三种毫无标记的杯子中米饭也严重霉变（图 2-13）。

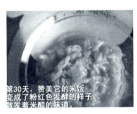
图 2-11

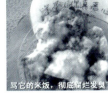
图 2-12

图 2-13

如果不是通过实验，谁会相信爱和鼓励的能量会如此强大！曾经有个血液科的医生，他在给一个外伤病人和一个抑郁症的患者做血液检查时发现，外伤患者血液中的血细胞分布规律要明显优于抑郁症患者。因抑郁症患者经常会处在不良情绪当中，这些不良情绪深刻地影响着患者身体内环境，这也就导致了其血液成分及其分布受到影响，进而影响身体健康。从现代医学可知，当个体还处在受精卵的状态时，其组成部分的90%都是水。在个体成年后，其身体成分的70%都是水，这也意味着身体内部水的质量直接关系到个体的健康状况。

　　从实验当中，我们可以了解到，水是有感应能力的。当人体处在极度消极的情绪当中时，体内的水分子会被严重破坏，变得浑浊破碎，此时身体会受到极大的伤害！

　　消极的情绪对身体的影响之深，相信许多人已经有所了解。当你表现出消极情绪时，你周围的人肯定会受到影响。比如有人对你发火，向你不停地抱怨，你肯定会觉得不舒服，甚至产生排斥的心理。其实，当你向家人表达消极情绪时，家人不一定能认真地在听你说些什么，但对方一定能够强烈地感受到巨大的消极情绪和负能量向自己袭来。这个时候他们也会受到消极情绪的影响，身体开始发生生理变化，借用上述实验的结论，即他们体内的水分也开始发生变化。

　　也许有人会说，我就要表达出消极情绪，我就要宣泄出来，别人能不能受得了我不管！请设想一下，当你向家人发泄情绪而不顾他们的感受时，你以为只有他们受到情绪影响了吗？其实你自己正在被自己影响。很多人在宣泄情绪时，不顾他人感受，结果越宣泄，就越愤怒，情绪会进一步恶化。自己也被自己所表达出的消极情绪所感染，体内的水分发生了紊乱。所以，当我们和家人沟通时，要调整好自己的情绪，努力保持在良性情绪的状态下进行沟通。

（二）"气水实验"

美国心理学家埃尔马做了一个"气水实验"：把一只玻璃管插在盛有水的容器里，然后让实验者把气吐到水里，以此收集人们在不同情绪状态下的气水。

从实验结果中发现：一个心平气和的人吐出来的气进入水中，水澄清透明，一点杂色都没有；一个有点生气的人吐出的气进入水中，水会变成乳白色，水底有沉淀；一个怒发冲冠的人吐出的气进入水中，水会变成紫色，水底有沉淀。心理学家埃尔马抽出部分紫色的气水注射在小白鼠身上，不久，小白鼠竟然死了。说明打进去的水有毒，毒从哪里来的呢？肯定是那些生气的人吹到水里的。

对此，他得出这样一个结论：一个人在生气时，体内会分泌出许多带有毒素的物质。当你处在消极情绪中，你的身体就开始分泌毒素。从这个角度来看，我们就不难理解为什么有人真的会被活生生的气死，历史上的周瑜正是如此。

上述内容讲的是愤怒的情绪会对人体健康造成很大影响，那恐惧、悲哀的情绪会不会对个体健康造成影响呢？

下面分享一个和恐惧相关的实验。

心理实验：

从前有个心理学家做了一个实验，在实验当中，将一只小山羊拴在距离墙不远的一棵大树旁边，周围放了很多青草。正常情况下，这只小山羊应该很开心地在那里吃草。实验时，当小山羊在吃草的时候，实验人员就会把一只大灰狼图像摆放在墙角，同时用录音机播放狼的叫声。每当小山羊看到这只大灰狼图像，听到狼的叫声，它就会疯狂地叫唤。由于小山羊被拴在树干上，它想逃跑却只能围绕大树绕圈。实验持续了半个月左右，小山羊被活活吓死了。研究人员对这只小山羊做了生理解剖，发现这只小山羊的内脏、皮肤几乎都受到了影响，有些地方已经发生了溃疡。

二、情绪对人心理健康的影响

当人在愤怒、恐惧或悲哀的时候，不仅仅是感觉层面的不舒服，身体里面也在发生复杂的变化。中医上讲，人有怨、恨、怒、恼、烦这几种情绪,而这些情绪又和人体的心、肝、脾、肺、肾有相应的关联。也就是说,这些身体内部的器官会受到外在情绪的影响。几千年前,《黄帝内经》就有记载:怒伤肝,喜伤心,思伤脾,忧伤肺,恐伤肾。

曾经有一家报社发表过一篇很有权威的文章,这篇文章表示,人类81%的疾病都是心因性疾病。疾病和人的心理活动情况,也就是和个体的情绪活动高度相关。

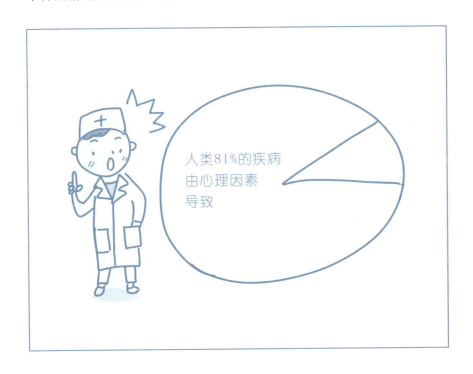

美国心脏协会发行的《循环》杂志指出,暴躁、易怒的人心脏病发作或暴毙的概率比冷静、不易生气的人高两倍以上。①

马里兰大学的心理学家阿恩沃尔夫·西格曼领导的一个研究小组

---

① 龙小云.照着做,你就能掌控情绪[M].上海:立信会计出版社,2015:2-3.

对 101 名男性和 95 名女性进行了研究，其中包括 44 名已经确诊有心脏病的人和 98 名没有得心脏病的人，研究每个人在运动之后心脏的血流量。

研究结果表明，与没有统治欲和性情平和的人相比，有统治欲的人得心脏病的风险会增加 47%，易怒的人得心脏病的风险会增加 27%。① 研究还发现，不善于表达自己愤怒的女性更容易得心脏病。而倾向于淋漓尽致地表达自己愤怒的男性，也更容易得心脏病；这就说明，无论是男性还是女性，经常发怒的人容易得心脏病。

研究人员同时表示，如果长期处于情绪不佳、易动怒的情形之下，对于身体健康具有绝对的负面影响。

怒气是不可以长期积压的。心理学家布洛伊尔与弗洛伊德发现，在心理治疗过程中，凡是病人能够得到较好的精神疏泄时，病情都会有明显的好转。所以，他们认为只有把这些积郁的东西"净化"后，才会收到较好的疗效。在现实生活中，我们会看到有些心胸开阔、性情爽朗的人，他们心直口快地把自己的不愉快情绪或心中的烦闷诉说出来，这种人的心理矛盾能及时得到解决。我们也常看到心胸狭窄的人爱生气，心中闷闷不乐，由于心理冲突长期得不到解决而发生心理疾病。②

把怒气发泄出来比让它积郁在心里要好。哈佛大学一项研究成果表明，当人发怒时，血压会迅速升高；而当他通过各种方式，如大喊大叫、号啕痛哭或采取报复行动将怒气发泄出来后，血压又会很快恢

---

① 陈雪. 很多时候你可以不生气 [M]. 北京：金城出版社，2018：4.

② 端木自在. 不生气，你就赢了 [M]. 南昌：江西美术出版社，2017：3-4.

复正常。相反，倘若他们将怒气强压下去，那么他们的血压则需要相当长的时间才能恢复到正常水平。此外，让怒气积郁在心中对心脏的健康尤其不利，是诱发冠心病的主要原因之一。

以上只是指出一个事实而已，它并不意味着我们在同别人发生冲突时凭感情行事，毫无顾忌地对别人采取攻击行动。心理学家认为，一个人的身体状态是受其心理和精神状态影响的，大约有一半以上的疾病是由心理和精神方面引起的，因此，掌握心理平衡对人的身心健康非常重要。

从心理健康的角度来看，长期积压怒气会影响身心健康。怒气长时间得不到排解，就可能变成忧郁情绪。发脾气可造成神经系统紧张，使内分泌处于亢奋状态，甚至可能引发疾病。从人际关系角度看，一场脾气发下来，别人不仅会敬而远之，多年的交情甚至可能因此了结。

为了更直观地了解情绪和人体健康的关系，下面结合图2-14进行分析。正常情况下，人体会分泌多种激素用来维持正常的生理活动。然而，激素的分泌会受到多种因素的影响，如温度、病毒和情绪都会影响激素的分泌。

从图2-14可以看出，在一个人接收外部的某些刺激（事件）之后，他就会对这个刺激（事件）做出相关反应，也就是感受的好与坏。如果对这一刺激感受良好，就会表现出良性情绪。此时，人由于受到良性情绪的影响，人体内会分泌大量的安多芬、内吗啡肽等激素。这些激素对抵抗疾病、提高机体免疫水平有重要作用。所以，在良性情绪的影响下，人体内分泌出的激素对健康有益。如果个体对这一刺激的感受不好,他就会产生不良情绪。此时人体内乙酰胆碱等激素的分泌量会上升。虽然说乙酰胆碱是一种神经递质,对于神经信息的传导非常重要,但过量的乙酰胆碱会造成人的记忆力衰退、反应迟钝,严重时会导致认知出现问题,甚至导致精神错乱。由此看来,当人处在不良情绪状态时,体内会分泌大量的有害激素,影响身体健康。

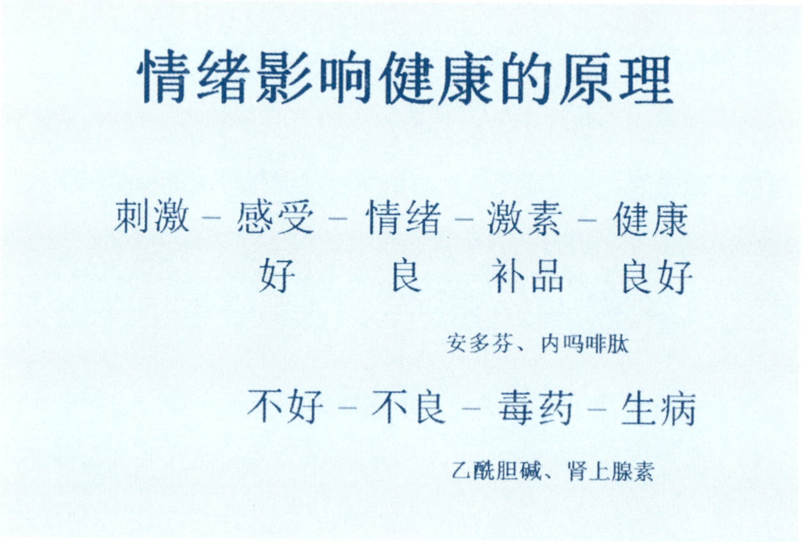

图 2-14

最后,再和大家分享一个小故事。

材料分享:

英国著名科学家法拉第,年轻时由于工作紧张,造成神经失调,身体虚弱。后来他不得不去看医生,而医生并没有开药,只说了一句话:"一个小丑进城,胜过一打医生。"法拉第仔细琢磨,悟出真谛。从此,他经常抽空去看戏剧、马戏和滑稽戏,不久健康状况大有好转。

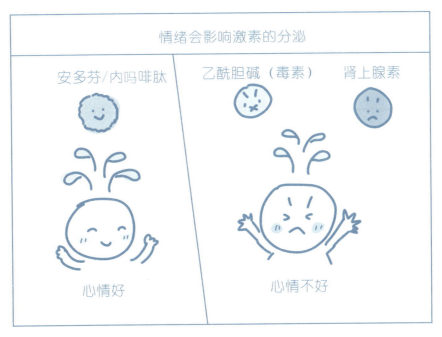

智慧语录

情绪是可以管理的；情绪好，一切安好！

拓展阅读

（一）不良情绪的危害[①]

第一，心理危害。不良情绪与心理问题及疾病大多有着密切的关系。过度的情绪反应会抑制大脑皮层的高级智力活动，打破大脑皮层

[①] 牧之.情绪急救：应对各种日常心理问题的策略和方法［M］.南昌：江西美术出版社，2017：10-11.

的兴奋和抑制之间的平衡，使人的意识范围变得狭窄，削弱正常的判断力和自制力，甚至有可能使人精神错乱、神志不清、行为失常；持久性的消极情绪，常常会使人的大脑机能严重失调，从而导致诸如焦虑症、抑郁症、强迫症、神经衰弱等各种神经症和精神病。

第二，生理危害。不良情绪还可严重损害人的生理健康。我国古代医学中很早就有关于不良情绪影响人的生理功能的论述，如"内伤七情""怒伤肝，喜伤心，思伤脾，忧伤肺，恐伤肾"，等等。一方面，不良情绪会影响消化系统的功能。如人在恐惧或悲哀时，胃黏膜变白，胃酸停止分泌，消化不良；在焦虑、愤怒、仇恨时，胃黏膜充血，胃酸分泌增多，容易发生胃溃疡。另一方面，强烈或长久的消极情绪会造成心血管机能紊乱，引起心律不齐、心绞痛、高血压和冠心病，严重时还可导致脑栓塞或心肌梗死，甚至危及生命。

第三，不良的情绪会影响内分泌系统，导致内分泌失调，使皮肤灰暗无光，在女性身上还表现为月经不调，甚至发生闭经。此外，长期消极情绪会损害免疫系统，造成人体抗病能力下降，还会引起肌肉收缩甚至引发痉挛疼痛。

（二）情绪失控对于亲密关系的伤害巨大[①]

一位妈妈曾说过：常常觉得自己像个易燃易爆品！每每情绪爆发后，都会自责；自责后反思，反思后痛下决心，决不再犯！但效果甚微。在学习如何掌控情绪后，知道了情绪的重要性，也对情绪

[①] 海蓝博士. 不完美，才美Ⅱ：情绪决定命运［M］. 广州：广东人民出版社，2016：26-27.

进行了梳理。在这个过程中,看到了很多被父母的情绪伤害的孩子,也感受到他们的心痛。于是,她也想了解一下自己的情绪是否给孩子造成了伤害。有一次,她问她的孩子的感觉,孩子想了一下,说:"像大海立了起来!"那一刻,妈妈惊呆了!原来,对于孩子来说,妈妈发脾气就像一场海啸。我们的孩子经得起多少次这样的海啸呢?

全世界有70多亿人,我们只选中这个人做伴侣,这该是怎样的缘分啊。为了恋爱甜蜜、婚姻幸福,我们也做了那么多努力和付出,一砖一瓦,把一幢大楼建造成功;若任性发脾气,就是一次无计划、无策略、无预告的"爆破"行动。而爆破只需要一两分钟。

（三）愤怒带来的后果

也许，我们会把某一类人、某一类行为标注成"坏的""不好的"，从此，不再靠近。这让我们避免了一些可能的伤害的同时，也限制了自己的社交范围。也许，你会因为愤怒做出一些冲动的行为，比如说出一些伤害性的语言，对人际关系造成不良影响，甚至造成人身伤害。在新闻报道中，我们也经常听说，情侣分手、闹矛盾，因爱生恨，发生报复行为的恶性事件。也许，我们在愤怒过后，又陷入自责、懊恼，后悔自己当时的失态、口无遮拦、行为冲动。

（四）控制脾气的钉子[①]

从前，有一个男孩脾气很坏，没有一天不冲别人发脾气。为了帮助他改掉这个毛病，他的父亲想了很多办法都无济于事。

有一天，父亲送给男孩一袋钉子，告诉他每次发脾气的时候就在院子的篱笆上钉一根钉子，并让他在一天结束的时候记录当天钉下钉子的数目。

第一天，男孩就钉了37根钉子，连他自己都震惊了。于是，他下定决心，一定要学会控制自己的脾气。每当他想对别人大发雷霆的时候，他就会想起那37根钉子，渐渐地，被钉到篱笆上的钉子一天比一天少了。

一段时间之后，他发现，控制自己的脾气实际上要比钉钉子容易多了。

[①] 龚勋. EQ 情商故事：锤炼心灵的韧度 [M]. 重庆：重庆出版社，2012：183-184.

终于有一天，男孩一根钉子都没钉，他高兴地把这件事告诉了父亲，父亲很欣慰，他说："从今以后，如果你一整天都没有发脾气，就可以在这天拔掉一根钉子。"

日子一天一天过去，最后，钉子全部都被拔光了。父亲带着男孩来到篱笆边上，对他说："孩子，你做得很好，你的脾气也变得越来越好啦。可是，你看看钉在篱笆上的钉子洞，它们永远不能被填平，永远也不可能让篱笆恢复原状了。"若是插一把刀子在一个人的身体里再拔出来，伤口就难以愈合了。无论你怎么道歉，伤口总在那儿。发脾气的时候，你会使别人的心灵受伤，而心灵上的伤口和身体上的伤口一样难以恢复。

（五）情绪左右你的认知行为[①]

生活中你一定会有这样的体验：在情绪好、心情爽的时候，思路开阔，思维敏捷，学习和工作效率高；而在情绪低沉、心情抑郁的时候，则思路阻塞，操作迟缓，学习、工作效率低。这就是情绪的内在功力，也就是说，情绪的力量会左右人的认知和行为，具体表现在以下几个方面：

1. 影响人的心理动机

情绪能够影响人的心理动机，可以激励人的行为，改变人的行为效率。积极的情绪可以提高人们的行为效率，加强心理动机；消极的情绪则会阻碍、降低人的行为效率，减弱心理动机。一定的情绪兴奋

[①] 邓峰.情绪掌控术［M］.汕头：汕头大学出版社，2014：7.

度能使人的身心处于最佳活动状态，发挥最高的行为效率。这个最佳兴奋度因人而异。

2. 影响人的智力活动

情绪对人的记忆和思维活动有明显的影响。例如，人们往往更容易记住那些自己喜欢的事物，而对不喜欢的东西记起来则比较吃力；人在高兴时思维会很敏捷，思路也很开阔，而悲观抑郁时会感到思维迟钝。

3. 影响人际信息交流

情绪不仅仅存在于一个人的内心，它还可以在人与人之间进行传递，成为人际信息交流的一种重要形式和手段。人的情绪通常伴有一定的外部表现，主要有面部表情、身体动作和言语声调变化三种形式。比如，人们高兴时眉开眼笑，手舞足蹈，讲起话来神采飞扬；发怒时横眉立目，握紧拳头，大声吼叫；悲哀、悔恨、失望时则语言哽咽、顿足捶胸、垂头丧气……所有这一切都是一种具有特定意义的信号，可以传达给别人并引起他人的反馈。人们通过细微甚至难以觉察的情绪信号来彼此传递和获取信息，这种信息有时是难以用言语直接表达的。

第3章
情绪的来源（一）

前面两章主要介绍了何为情绪，情绪对人有哪些影响。本章将带领大家深入了解情绪按钮，探寻情绪产生的根源。很多因素都会影响情绪，上至社会政治和经济制度的变革、社会风气、文化潮流、战争和动乱，下至人际关系、学习、工作、个人经历，甚至日常生活中的种种琐事，这些都能引起应急反应，影响情绪。而情绪与健康又有密切的关系，所以说，了解情绪的来源是十分重要的。

一、什么是情绪管理

所谓情绪管理，是指对个体或群体的情绪有所认识，并具有驾驭情绪的能力。简单来说，情绪管理就是要发现自己或他人的情绪特征，并能用合适的方法控制情绪。情绪管理和其他事务的管理

真正的旺夫脸不是什么圆脸、额头饱满……而是——笑脸。

一样，存在一套程序。既然是管理，首先要明白你要管理的这个事物的形成发展原理。要想管理好情绪，就要清楚情绪产生的原理。在了解情绪产生的原理之后，我们就可以找到合适的方法去管理情绪。

二、人的情绪来源

（一）面子问题

情绪的来源有哪些呢？首先就是面子问题。

一位年轻人很兴奋地告诉别人，他终于找到工作了。别人问他是什么样的工作，他说，在一个很高档的写字楼里面。爱面子是社会普遍存在的一种心理，面子行为反映了人们获得尊重与自尊的情感和需要，丢面子就意味着否定自己的才能，这是万万不能接受的。① 于是有些人为了不丢面子，通过"打肿脸充胖子"的方式来显示自我。生活中，总有一些爱慕虚荣的人为了面子而自己给自己找罪受。

人都会有很强的自尊心，都会爱惜自己的面子，谁也不愿意自己脸上无光。现实生活中，人们往往遵循"树活一张皮，人活一口气"的想法，这口气如果不顺畅的话，就会感觉自尊心遭受打击，面子受到损伤。所以人们往往在面子与利益的权衡上，采取一种务虚而不务实的态度，把面子放在第一的绝对不可动摇的位置，甚至不惜伤害自己以争面子，比如"不蒸馒头蒸（争）口气""宁可伤身体而不肯伤感情""死要面子活受罪"等，都是损害自己以争面子的做法。②

---

① 陈虎强.论面子观念：一种中国人典型社会心理现象的分析［J］.湖南师范大学社会科学学报，1999（1）：111-115.

② 邓峰.情绪掌控术［M］.汕头：汕头大学出版社，2014：106-107.

要面子，这是由于我们受到传统文化的影响。《礼记·儒行》中有一名句："儒者可亲而不可劫也，可近而不可迫也，可杀而不可侮辱也。其居处不淫，其饮食不溽（rù）。其过失可微辨，而不可数也。其刚毅有如此者。"这句话的意思是：儒者可以亲近而不可威胁，可以接近而不可逼迫，可以杀害而不可侮辱。他们的日常生活不奢侈，饮食不丰美。对他们的过失可以委婉地批评，却不可当面指责。他们的刚毅就是如此。

从这句话里，我们可以看出人不仅要活个面子，也要活口气，活个气节。可见，面子问题从古至今一直在我国"传承"着，影响着无数国人，甚至已经深深地根植于我们内在观念中。日常生活中，有太多因"面子"问题而导致的人际冲突，甚至是情绪失控的案例。只要别人触及你的面子问题，你就很容易生气。同样地，当你触及别人的面子问题，对方也会生气。面子成了人们的情绪按钮。

如果你遭遇到了屈辱的事情，那么不要觉得难堪，不要觉得抬不起头，而要乐观地面对人生。正确地看待屈辱，把它当成一种激励人向前的动力，能做到这点的人才是智者。生活中不断会有大大小小的委屈发生着，关键是看你处理它们的态度。如果你因为老板一句羞辱你的话而辞职不干，那么你就永远没有机会向他展示你强大的一面。记住这些屈辱，但是不要被它们缠住。有人因为屈辱而自暴自弃，有人因为屈辱而发愤图强，这就是弱者和强者的差别。悲观者把屈辱当成打击，乐观者把屈辱当成激励，两种不同的人生态度导致了不同的人生结局。尝试着对那些屈辱笑笑吧，把它们带来的郁闷转化成强大

的动力，当作刺激我们前进的马达。或许正是这些屈辱，让我们更早知道了自己的短处。

当你还不够强大时，你是没有资格要面子的，否则要面子的同时就要受罪。即使别人给你面子，也是活在你自己虚拟的世界中。当有一天，你变得很强大时，别人自然会给你面子，即使你不要，别人也会给你面子。面子不是你要来的，而是你用自己的实力让别人给你的。

当你还不够强大时，你没资格要面子；
当你变得足够强大时，即使你不要，
别人也会给你面子。

案例 1：

一位老人有一个习惯：只要生气了，他就会沿着自己的房子跑三圈。这个习惯从年轻的时候一直保持下来，而且每一次绕着房子跑完三圈，他就不再生气。到后来，他的年纪越来越大。忽然有一天，他的孙子就问他："爷爷，为什么你每次生气时都要围着房子跑三圈呢？而且跑了三圈后你就不再生气了，这是为什么呢？"老人回答说："孩子，我年轻的时候生气时，就沿着房子跑三圈，那个时候就发现我的房子那么小，哪有什么资格生气，所以跑完我就不生气了。后来我年纪大了，财富越来越多，我仍然会绕着房子跑三圈。当我跑完三圈又在想一个问题，我的房子都这么大了，我还有必要跟别人去生气吗？我干嘛还要生气呢？所以我不生气了。"

上面这个案例可以给我们一些启发。当你现在的能力还不够，你还在生气，有什么用呢？不要生气，要争气！

如果某一天大家能把面子的问题想清楚，你的人生就可以改变了。还有一种现象很常见，很多家长因为孩子考试成绩不优秀而生气，并严厉地批评孩子。这也是面子在作怪。"我的孩子成绩要比别人家的孩子成绩好,我的孩子将来要找好工作,我的孩子要过好日子,这样我才有面子啊!"如果有一位家长告诉他的孩子,你一定要考第一名,最差也要考进前三名,第四名之后太丢脸了!从这个时候起,孩子就会被植入一种理念,面子太重要了!这个孩子以后一定会成功吗?然而,在社会生活中,尽管大家都清楚面子是很多人的情绪按钮,但都无法完全将面子放下。于是互相给面子。你给对方面子,对方感谢你的同时也会给你面子,此时双方关系就会更加和谐。

当然,针对他人,我们不能为了给面子而给面子,至少我们不去做触碰对方情绪按钮的事;针对自己,我们不能为了挣得面子而去向别人要面子,这是虚荣心在作怪,应适当放下面子,努力强大自己。如果现在的你还不够强大,请不要因为面子问题而表现出情绪;如果有一天你足够强大,到那时你根本就不用考虑面子的事了。

(二)想得太多

人之所以容易生气,也有多疑心理因素的影响,有不少朋友都有过这样的经历:"你今天讲这话是什么意思啊?""我没啥意思啊。""没啥意思那你为什么讲这话啊?你到底什么意思啊?""我真的没其他意思啊。"……要是一个人特别喜欢听一句话背后的意思,那他就是多疑。

案例 2:

你所想象的并不是事情的真实面目

天空阴霾一定会降雨吗?月亮残缺就不会再圆了?其实,有的事情并不都是你想的那样,阴霾的天空会放晴,月亮残缺了还会再圆。

有个人很喜欢旅游探险,一天,他只身来到森林旅游。当他坐在山路边休息时,脚被一只黄蜂蜇了一下。但是,他并没有发现那只黄蜂。当他抚摸着脚上的那个肿块时,心中感到非常恐惧。因为,他曾经听人说过,有一种毒虫生长在这座山里,被毒虫咬了以后,只要走出十步,便会丧命。一想到这儿,那人觉得脚踝处更疼了,只觉疼痛遍布他身体的每一个角落。他更加肯定自己被毒虫咬了。幸亏,以前他得到了解救的办法:只要原地不动,在心里默念"毒虫,毒虫"的咒语,等到夕阳西下的时刻,毒素就会自然消除。

于是,他站在那儿默默地念着咒语,但他的内心依旧无比恐惧。火辣辣的太阳烤得他头晕目眩,他急切地盼望着日落。结果,不等日落之时,他就晕倒在山上了。有人发现了他,并把他送到医院救治,医生们经过检查后发现,他是因为中暑晕倒的。待他醒过来之后,医

生问他中暑的经过,他便把事情一五一十地告诉了医生。医生听完后,忍俊不禁。然后,医生告诉他,毒虫只是一种传说。

这个故事告诉我们,很多时候我们并非被对手打败,而是被我们想象中的恐惧打败。很多事情并不是你预期的那么坏,但是一旦恐惧起来,你就会变得怯懦和退缩。我们每个人都有恐惧的心理,因为有了恐惧,人类才会趋利避害、注意保护自己。但是如果过犹不及,我们就会变得草木皆兵,任何时候都害怕,凡事都要躲避。

坏情绪很多时候不是因为客观条件产生的,而是因为我们的主观臆想。一件原本不是很严重的事,在坏情绪下如同被放大镜放大一样。其实,很多人在度过了事情的危机以后会发现,事情并不如我们预期的那么坏,只是因为我们身处其中,被情绪左右了认知的方向,所以只看到坏的那一面。如果想让事情的真实面貌呈现出来,我们就要学会用正确的态度看待这些问题。那么,正确的态度是什么呢?

(1)没弄明白之前不要随意想象。

以前,人们不知道墓地里为什么有飘来飘去的火,由于不明白,人们就添加了自己的臆想在里面,认为那是来害人的鬼火,弄得人心惶惶。现在我们知道那是一种自然现象,是磷在燃烧。从那以后,怕鬼火的人自然减少了许多。很多事情也是一样,因为我们不清楚,所以总是凭借自己的想象把事情想得十分糟糕,最后才发现其实是自己吓自己。

(2)客观一点有助于你看清事实。

如果听到了周围人对你的流言蜚语,你可能不管这是不是真的,

就开始发脾气、怨恨朋友。你为什么不静下心来客观地分析一下呢？或许只要冷静思考，我们便会发现其中的不妥，从而看清事实。唯有冷静下来，才能认清事情的本质。

（3）接受不同的答案。

每件事都有很多面，而不是只有你坚信的那一面。从你的角度看到的是好的或坏的一面，或许从别人的角度看到的就不一样，不要永远恪守自己的想法，对事物应该采取弹性的态度，不要固守己见。

（4）先把情绪收起来。

很多时候，我们会被自己的预想情绪蒙蔽双眼。或许你一看到某人就觉得讨厌，甚至不管他做了什么。我们在做每一件事时都不要把主观情绪加入其中，先看清楚，再决定是该喜还是该忧。

通过这几个案例的分享，我们应该有所启发：不要让自己变得多疑，别人也许说的就是字面意思。那么反过来，如果你跟别人在相处的时候，你要斟酌一下你说出的话会不会让别人产生歧义，会不会引起他人的误解。有人说："我就是这个样子，别人的情绪关我什么事！"既然你就是这个样子，那你必须接受接下来可能产生的矛盾和结果。

人生本来有很多种选择，也有很多种活法，人们往往过于追求完美，把原本很简单的事情搞得复杂化，因而常常被弄得很苦、很累、很烦躁。比如，同是生命的个体，本是相互平等却非要仰人鼻息，察人脸色，揣人心事，日子过得诚惶诚恐、没滋没味。本来是很容易处理的一件事，却总是谨慎有余，小心翼翼，生怕因此触动了那

张敏感的关系网。面临人生途中的一些选择，我们本不需要动太多脑筋，却瞻前顾后、左顾右盼，结果丧失了最佳时机，到头来后悔不迭……

其实，有很多小事是我们自己夸大了它，有许多简单的问题被我们附加了很多不必要的步骤而变得复杂起来。作家荷马·克洛伊讲了一个他自己的故事。过去他在写作的时候，常常被纽约公寓热水灯的响声吵得快要发疯了。后来，有一次他和几个朋友出去露营，当他听到木柴烧得很旺时的响声，他突然想：这些声音和热水灯的响声一样，为什么自己会喜欢这个声音而讨厌那个声音呢？回来后他告诫自己：火堆里木头的爆裂声很好听，热水灯的声音也差不多，他完全可以蒙头大睡，不去理会这些噪声。头几天他还注意到它的声音，可不久就完全忘记了它。① 很多小小的忧虑也是如此，我们不喜欢一些小事，结果弄得整个人很沮丧。其实，我们都夸大了那些小事的重要性。

梭罗有一句名言感人至深："简单点儿，再简单点儿！奢侈与舒适的生活，实际上妨碍了人类的进步。"当生活上的需要简化到最低限度时，生活反而更加充实。因为我们已经无须为了满足那些不必要的欲望而使自己心神分散。简单不是粗陋，不是做作，而是一种真正的大彻大悟之后的升华。简单地做人，简单地生活。金钱功名、出人头地、飞黄腾达，当然是一种人生。但能在灯红酒绿、推杯换盏、斤斤计较、欲望和诱惑之外，不依附权势，不贪求金钱，心静如水，无

---

① ［美］戴尔·卡耐基.人性的优点［M］.文珍，译.北京：中国华侨出版社，2009：67-68.

怨无争，拥有一份简单的生活，不也是一种很惬意的人生吗？

对待得失，我们不妨简单一些。生活对每个人都是公平的，有得就有失，有失就有得，塞翁失马，焉知非福，得与失是可以相互转化的。只要拥有一颗平常心，去善待生活中的不平事，知足常乐，少一份嫉妒，多留一些时间和精力做自己喜欢的事，命运的光环自然会降落在你的头上。即使命不由人，也不必斤斤计较。抛去名利，放开权欲，用简单的心走过自己轻松而快乐的人生。

在是非面前，我们不妨简单一些。社会是一盘杂菜，什么货色都有，个中是非，众人自有公论，道德自有评价。对此，我们不必去理会谁在背后说人，谁在人前被人说；也不必理会谁投来的一抹轻蔑，谁瞥过来的一个白眼。对那些微妙的人际关系，不妨视而不见，充耳不闻，排除一切有形或者无形的干扰，不必计较自己是吃了亏还是占了便宜。只要拥有一颗正直的心，我们心中的阴霾就会一扫而空，心境也会因此变得日益明朗和愉快起来。

此外，在待人处世方面，我们也不妨简单一些。我们总是生活在一定的社会环境中，每天都要和各种各样的人打交道。对家人、对同事、对邻居、对朋友，其交往的程度还是平淡一点好。君子之交淡如水，不必纠缠于那些不胜其烦的繁文缛节之上。只要真诚待人，相互宽容，相互帮助，心灵不设防，不耍两重人格，有快乐共同分享，有困难共同分担，人与人之间就会架起一座理解与信任的桥梁，人间的真情就会开出绚丽的花朵。

生活未必都要轰轰烈烈，"云霞青松作我伴，一壶浊酒清淡心"，这种意境不是也很清静自然，像清澈的溪流一样富有诗意吗？生活在简单中自有简单的美好，这是生活在喧嚣中的人所渴求不到的。晋代的陶渊明似乎早已明了其中的真意，所以有诗云："结庐在人境，而无车马喧。问君何能尔？心远地自偏。采菊东篱下，悠然见南山。山气日夕佳，飞鸟相与还。此中有真意，欲辨已忘言。"

人的社会性决定了每个个体生命都要经历一定的人和事，这就要求我们必须有正常的心态和驾驭生活的能力。其实，这个世界并不复杂，复杂的是人自己本身，只要我们的心想得简单一些，生活的天空便一片明媚。

（三）两端思维

情绪来源的第三个方面是：有些人喜欢走两端，也就是二分法思维较为严重。简单来说，就是要么这样，要么那样。要摆脱二分法思维的束缚，并不是一件简单的事情。因为人们从小所受的教育，就是要做到是非分明：什么事情都要分出对和错，分出好和坏。小学老师教学的对象是小学生，所以他们不得不用二分法，因为小孩子懂的东西很少，很难在"是中有非、非中有是"的情况下去了解事情。所以，小学老师只能教给他们很单纯的"对、错，好、坏，是、非"，这是不得已的事情。

随着年龄的增长，孩子慢慢成熟，就会逐渐摆脱二分法的思维。因为世界上的事情，"绝对"的几乎很少。比如哪个人是绝对的好人，

哪个人是绝对的坏人,很难区分。好人偶尔也会做一两件大家感觉到不太对的事情;坏人有时候也会大发慈悲,做一些好事情。

人们的认知能力有限,判断能力不足,经常会选择错误,故也经常后悔。当一个人把是非分得很清楚的时候,他就会整天闹情绪。因为他越长大,越知道根本很难分清是非。小孩子很容易分清是非,因为他懂得少,随着年龄的长大,他的价值观会改变,认知能力会不同。我们要随时去调整自己的观念,然后让自己的心情越来越愉快,使自己的情绪越来越合理。一个人如果还一直保留着以前的观念,还保留着以前的处世方式,那他就会长不大,就会很苦恼。

比如,一杯茶好不好喝,有的人不会马上回答,而是会说:"我喝喝看"。"好像还不错,你觉得呢?"也有人不假思索直接判断,认为这样做很"果断",显得很有能力,敢于承担责任。其实,这种做法很"武断",有时带有主观片面性。

曾经还有这么一个段子:夫妻俩在家下象棋,丈夫水平比较高,五步之内就让老婆的棋局处于下风。但老婆不按规则下棋,她让自己的"马"走了田字格,而且很强硬地说自己的马是千里马,丈夫只能忍着。过了一会,老婆又让自己的"士兵"后退,众所周知,象棋中的士兵是不能后退的,但是这位老婆声称自己的士兵是特种兵!老公没办法,只能继续忍着。可是没过多久,老婆就用"炮"隔着两个棋子进攻,还说这是高射炮;她还让"象"过界河,说它是小飞象……针对老婆不按常理的走棋,丈夫都忍住了。最让他崩溃的是老婆竟然拿着丈夫的"士"进攻丈夫的"将",她给出的理由是,这个"士"

是她派过来多年的卧底。男人彻底没办法，输掉了这盘棋。最后令这位丈夫没想到的是，老婆赢了这盘棋之后特别开心，竟然主动做饭，做起了家务。丈夫终于明白，家不是讲道理的地方，讲赢了道理，失去了和谐，一个家庭和谐才是最重要的。

当然上述故事并不是说在家就不能讲道理。家是讲约定的地方，更没必要讲清楚谁对谁错。每个人都带有自己的理，即使在家里也是这样，那如何把这些道理理顺，这就是管理。在家里要制订家庭公约，如有些事情父母才能做决定，有些事情孩子才能做决定，有些事情需要大家共同商定。

（四）双重标准

许多人遇事采用双重标准。例如，当一个人开车的时候，他会觉得路上行人太多了，只能慢慢地开；而当这个人下次选择步行的时候，他又说路上的汽车太多了，行人过斑马线时汽车都不停下礼让行人。如果你是一名员工，你可能会觉得老板太小气；而如果你是一个老板，你可能就会觉得员工太计较。因每个人所处角度不一样，看问题的标准就不一样，我们要学会换位思考。

其实，能把生活中简单的小事情看明白，你就是有大智慧的人。当我们去想公平的时候，有没有想过到底自己付出了多少？当一个人对这个社会做出了贡献，他没有得到应有的回报，那是不公平。真正的公平不是别人得到多少，你也要得到多少，而是你做出了多少贡献，你就应该得到多少。有些人觉得这个世界有问题，他们总说这里不行，那里不行，其实到头来还是自己的看法有问题。

生活有时候并不如我们想象中的那么美好，有的人生于荣华，处于丰顺；有的人或许就没有那么多天生的优势，努力了，付出了，暂时没有得到回报。看淡这些不平，才能潜心去做正经的事情。我们的心和胸怀就那么大，如果装满了埋怨和愤愤不平，又怎么能有心思去追寻自己的梦想呢？

生活的真谛是淡然。面对人生的不公，不可强求，安心做好自己的事情就够了。生活就是如此，它给了你什么你是无法改变的，不如坦然地接受，利用它赋予你的东西去实现自己的人生价值。看淡生活中的不公平，懂得生活。懂得生活的人，不仅仅是成功的人，也是智慧的人。没有什么可以完全按着你的意愿去发展变化，有时候努力了、付出了，反而没有回报，这并不代表它们白白付出，相信它们肯定会以其他形式，在其他方面补偿你的。付出和回报有时候展现出的不平衡，只是暂时现象，需要从长远的角度来看。然而有的人偏偏不懂这点，他们不把精力放在奋斗上，放在探索人生上，反而苦苦追寻着公平，换来的不过是劳累罢了。

（五）处理问题的方式

每个人处理问题的方式不同。有的人处理问题比较直接，开门见山；有的人一般情况下不会直接点题。例如，某老板和客户洽谈生意，有的老板开门见山：××总你好，请问你对我们的产品和价格还有什么疑问吗？没有的话，那我们就把合同签了吧。而绝大多数人洽谈生意时，双方见面后首先寒暄片刻：××总，您近来可好？家人都挺好的吧？来，我给您倒杯水……可能聊了好久也没开始谈生意。在

正式商谈之前花费了很多时间在"闲聊"上，这种闲聊看似和谈生意没有直接关系，其实这一环节不可缺少。尤其在中国文化中，就显得更为重要。

我们可以用情绪按钮解释它。在双方见面后，由于信任程度不高，大家无法畅所欲言，这时会存在紧张不安的情绪。通过非正式沟通，谈一些和生意无关的话题，双方可以很好地放下不必要的心理负担，换句话说，这是在安抚情绪！在情绪被安抚之后，再进一步深入生意上的话题就比较容易沟通了。

这种对话模式不仅在商务谈判上频繁出现，在日常生活中也很常见。例如，家长下班回到家，见到孩子的第一句话就是：作业写完了吗？今天上课认真听讲了吗？这种直截了当的提问，会让孩子觉得不舒服。如果家长先问孩子：宝贝，我看你今天很高兴啊，是不是在学校受到表扬了？ 想吃什么好吃的，妈妈给你做。这样，孩子会很开心地和父母聊天。这时，如果再聊作业的话题，孩子也不会这么紧张，也愿意和父母交流得更多。

综上所述，我们不难发现，遵循先处理情绪，再处理事情的思维模式，可以取得很好的效果。

先处理情绪，再处理事情

智慧语录

先处理情绪，再处理事情。

拓展阅读

（一）任何人都可能会有社交焦虑[1]

我们每天不可避免地要和各种人打交道，比如亲朋好友小聚，和同事或领导谈话，与客户沟通，甚至面试、演讲等，这些都是社交。对有的人来说，交友、聚会、面试、工作等社交活动是再正常不过的事；但对另一些人而言，情况则大不相同，他们对这些活动避而远之，不敢社交，不愿社交，不能社交。

你或许认为后一种人天生羞涩、内向，其实不是。不管是内向的人，还是外向的人，都可能会有社交焦虑。社交焦虑是一种与人交往的时候，觉得不舒服、不自然、紧张甚至恐惧的情绪体验。

比如：在别人面前觉得害羞或不好意思，因此不主动或不愿意和他人说话，不敢与权威人士交流，与普通人打交道也有障碍；不愿意成为别人注意的焦点，不敢当众发言、演讲；担心别人觉得自己不好，或害怕别人觉得自己愚蠢；在离开使自己焦虑的场合后，依然会回顾当时的场景，持续感到焦虑不安。社交焦虑不仅表现在情绪上的害怕、恐惧或焦虑，在身体上也有所表现，如心跳加快、出汗、发抖、口吃、脸红、肌肉紧张、恶心、腹泻等。

（二）人到底在怕什么

无论你的职业是医生、警察、老师，还是公司的员工或者老板，

---

[1] 海蓝博士.不完美，才美Ⅱ：情绪决定命运[M].广州：广东人民出版社，2016：102.

无论是男性还是女性，均会遇到害怕被别人拒绝或去拒绝别人的尴尬。

怕拒绝别人，通常都是因为：怕别人不高兴，不舒服；怕破坏彼此的关系，让关系疏远；怕自己不被认可，甚至被孤立、被边缘化。

怕被拒绝，我们通常认为：自己做得不好，考虑不周全，对方不认可我们；自己不够好，不值得，没价值；没面子、羞愧。

（三）受到批评后的情绪特征[①]

绝大多数人喜欢听表扬的话语，不愿听批评的话语。有的人一听到批评，就面红耳赤，忐忑不安；有的人暴跳如雷，恼羞成怒；有的人咬牙切齿，仇恨满怀；有的人表面接受，心里怨恨，寻衅回击。

常言道："良药苦口利于病，忠言逆耳利于行。"即便如此，也没有多少人喜欢逆耳的忠言。在他们看来，得到表扬是令人感到光彩和骄傲的，而遭受批评则意味着丢面子。人们对表扬一般没有很强烈的反应，但对批评却反应敏感。遭遇批评会情绪低落，态度消极，而在表扬的激励下会表现得干劲十足。

批评之所以不受欢迎，有两种原因：第一，批评者不了解当事人的处境和造成错误的原因，让当事人感到委屈；第二，批评者采用了权威性的立场，暗示当事人行为的笨拙或愚昧，引起当事人的反感。

无论是在生活中，还是在工作中，人们都不喜欢挨批评，在受到批评后往往会有以下三种表现：第一，认为自己没有错，是对方错了，心里非常委屈、难受，有的人甚至情难自禁，会忍不住掉眼泪。第二，

---

① 牧之.情绪急救：应对各种日常心理问题的策略和方法［M］.南昌：江西美术出版社，2017：69.

认为自己没有错，心中非常不满，对批评自己的人怨恨在心，甚至伺机报复。如果对领导的批评不满，还会表现在工作中，不好好工作，或者跟同事抱怨，等等。第三，非常自责。意识到自己做错了，也能接受他人的批评。如果给他人或者公司等造成了重大损失，那么自己会深深地内疚。

第 4 章

情绪的来源（二）

一、生命能量

生命能量到底是什么呢？可以做以下理解：人体每天都需要摄入食物和水，呼吸空气等，在这些物质进入身体后，在消化器官复杂的作用下，营养物质会被人体吸收，同时会产生大量的能量。这些能量可以保障我们日常活动和机体正常运转等，这种能量就叫作生命能量。生命能量又会通过多种形式表达出来。第一种，体力活动时消耗的能量叫作体能型能量，如跑步、打篮球、做家务时所消耗的能量就是体能型能量。第二种，产生并表达情绪时消耗的能量叫作情绪型能量，如表达喜悦或愤怒的情绪时，所消耗的能量被称为情绪型能量。第三种，个体在进行大脑活动时所消耗的能量称为心智型能量。第四种，当个体在进行灵性思考或深度思考时所消耗的能量称为心灵型能量。

本章将围绕情绪型能量进行讲述。

对于各种形式能量的消耗量而言，每消耗 1 个单位的情绪能量相当于消耗 100 个单位的体能型能量，而心智型能量和心灵型能量的消耗量则更大。由此可见，当一个人产生情绪和表达情绪时，消耗的能

量是很大的。虽然说人体会通过摄入食物来获取能量，但是人体内的能量无法进行良性储存。生命的能量该如何被消耗掉呢？除了日常代谢消耗之外，多余的能量如果没有被合理地消耗，可能会导致两种结果：第一种结果，人体会变胖；第二种结果，当这些多余的能量没有被合理地消耗，长期且大量积压在人体内，很有可能会导致个体产生心理或精神方面的疾病。

二、生命能量的表达形式

由此可见，这些多余的生命能量会对人体产生很大的影响，我们很有必要将它们消耗掉。然而，消耗这些生命能量的方式多种多样，不同的消耗方式也会对一个人的生活、健康，甚至事业产生巨大的影响。通常情况下，生命能量的消耗（表达）方式有如下三种。

（一）正面表达

第一种是正面表达，也叫正面消耗，它包括如下几种情况：

首先，有意义的工作。何为有意义的工作？它要满足以下几个条件：第一，这是你喜欢的工作；第二，通过这份工作能够为你带来收益；第三，这份工作符合社会要求或者能够为社会创造价值。满足上述条件的工作就是有意义的工作。你的工作是有意义的工作吗？生活中，很多人常常本末倒置，把追求高薪作为工作的唯一目标，导致越来越疲惫，越来越茫然。他们全然不知，其实做一份自己喜欢并擅长的工作，本身就是最大的福利和回报。更重要的是，如果工作本身就是快乐的、充满意义和有价值的，你的工作激情和热情就会源源不断。喜欢、擅长和价值，这三个因素环环相扣，互相驱动，缺一不可。它们产生的持续驱动力，能够持续带给你职业效能。有了它们，我们就能让自己变得更有价值。

选择怎样的工作？

其次，有兴趣的学习。同样，有兴趣的学习也要满足一些条件：第一，学习的行为是主动行为；第二，这种学习可以给你带来愉悦感；第三，通过这种学习，能够让你成长。

再次，创造性的思考。心智型能量和心灵型能量的消耗量巨大，那些经常和创意、设计类任务打交道的人，他们会频繁地进行创造性思考。

最后，合适的文体活动。它包括文化类活动、体育活动。

在日常生活中，我们会通过上述四种正面渠道中的部分渠道消耗生命能量，只有很少一部分人能够合理运用全部四种渠道来消耗生命能量。

（二）替代性表达

第二种是替代性消耗，也叫替代性表达。当一个人无法通过正面渠道消耗生命能量，就会通过替代性消耗达到目的。所谓替代性消耗，通常有如下几种方式：首先，依赖性游戏。例如，一个人痴迷于网络游戏，甚至成瘾，他可以通过游戏获得满足感。除了网络游戏以外，还有疯狂购物、追剧等行为都是依赖性游戏。当一个人把大量的时间和生命能量放在网游、追剧这种替代性游戏上，他很难再有能量去奋斗，即人们通常所说的玩物丧志。其次，酗酒。酗酒不是指偶尔喝酒，而是指频繁地大量饮酒。在大量饮酒后，酒精不仅会麻痹人的神经，而且会使人的骨骼肌高度紧张、心率加快。这些都会加速生命能量的消耗，使人变得疲惫。再次，暴力行为。最后，自我强迫性劳动。例如，反复打扫卫生。

除了上述四种替代性消耗能量的方式之外，还有赌博、无节制的社交活动，如将大量时间花费在无效社交上，一天要跑好几个饭局，到处应酬，等等。

（三）错误表达

第三种是错误表达，也叫负面表达。所谓负面表达，是指通过表达生气、焦虑、嫉妒等负面情绪来消耗生命能量的形式，这种表达形式消耗掉的生命能量往往都是情绪型能量。曾经有研究人员通过实验发现，一个人生气两个小时所消耗的生命能量超过一个人体育运动八个小时所消耗的能量。由此可见，表达负面情绪不仅对身体健康有很大影响，能量的消耗也很惊人。

从这一角度我们可以理解，很多人不知道为什么要生气，但就是想生气、发泄情绪，这就是因为那股生命能量的存在，它促使人的潜意识一定要找一个理由来发泄，如因一点点小事来责骂孩子，虽然孩子并没有错。这就是多余能量的使然。

三、正确表达生命能量

上面介绍了生命能量的表达方式，我们是否清楚现阶段自己的能量表达方式呢？它对我们有什么启发呢？有的人会给出有趣的回答：我从明天开始就不吃饭了，这样就不会有多余的生命能量。

毫无疑问，这样的想法是错误的，因为若不吃饭，生命就会遭受到威胁。我们不应该为了减少生命能量而选择减少摄入甚至是不摄入食物，正确的方法应该是：把生命能量用到正确的地方，也就是学会正确地利用能量。有的人会说我整天在为老板打工，更谈不上有意义的工作。这说明这些人的能力还不够强大，如果工作做得很出彩，老板一定会给员工晋升职位或增加薪水。能力强的人炒老板的鱿鱼都有可能。所以，我们在思考有意义的工作这一问题时，一定要先把自己定位清楚。

除了有意义的工作之外，我们还要学会开拓其他表达生命能量的正面渠道。当今社会信息化高度发展，碎片式信息遍布日常生活，这给我们创造了很多学习的机会。但碎片化的信息往往给人一种错觉，就是在一个人了解一些知识之后，他会误认为自己对一件事有了深刻见解，很容易给人带来满足感，这种学习，对于个人成长不会有实质性帮助。既然对个人成长没有实质性帮助，也就算不上有兴趣的学习。如果想要不断提高自己的生命状态，请抛弃满足感，深入学习。

此外，合适的文体活动也很有必要，而且这应该是最容易成为表达生命能量的正面渠道。当我们把大多数的生命能量用在正面表达上，我们就不会有多余能量进行负面表达。

把能量用到正面表达上来，铸就成功的人生。

拓展阅读

（一）关于自己喜欢和擅长的工作

关于擅长，包括两个方面：一个是擅长的深度，一个是擅长的广度。

1. 擅长的深度

一位年轻人说他非常喜欢打游戏，他的水平是他朋友圈里打得最高的。当别人问他，你能靠打游戏养活自己吗？他摇摇头。据统计，靠打游戏养活自己的人的比例大概是七十万分之一。其实喜欢做什么都行，关键是这份工作是否能养活你自己。每个人要知道自己有多擅长，在什么水平，如果你能够达到别人愿意付薪酬请你打游戏的程度，靠打游戏就能让自己生存，你也可以选择打游戏。前提是，必须有人愿意为此买单，否则那就只是一个自娱的爱好而已。

2. 擅长的广度

有人非常喜欢设计，并如愿以偿应聘了一家设计公司。但工作后他发现公司人际关系很复杂，每天除了做设计外，还需要跟客户、领导、同事打交道。另外，还要写报告、做考核，这和他以前设想的完全不一样。

这个人就是误解了职场擅长的广度。许多人以为做擅长的事，就是只做自己喜欢的部分。实际上，即便做自己喜欢的、擅长的工作，也不得不面对人际关系问题，同时也要遵循工作单位的规章制度，这是一个人工作的一部分。

有的人因为不擅长处理各种人际关系，对工作单位的具体管理要求反感，就以为自己不擅长、不喜欢自己的工作。所以，清晰地了解自己，了解承载、呈现你特长的工作环境非常重要。

3. 正确认识并体验擅长和喜欢的工作

比如爱因斯坦，他并不喜欢物理，但他是物理学天才。他其实特别喜欢拉小提琴，他可以每天练习六小时。他曾经说，如果有哪个交响乐团愿意吸纳他做小提琴手的话，他可以放弃所有的成就，包括诺贝尔奖。

但是他对世界最大的贡献是物理，而不是小提琴。人们知道他、尊敬他、记住他的，也是物理，而不是小提琴。就算你了解了自己喜欢和擅长的事情，也锚定了可以实现它的职业领域，但这并不代表你能立刻找到适合自己的位置。

比如你发现自己擅长做决策，有领导力，希望能够成为一个大老板，拥有自己的事业，但这一定不是立刻就能实现的，因为不可能马上就有一家公司等着你来经营。所以，在做出决定之前，你最好亲自去体验一下你所向往的领域或职业的工作氛围，哪怕是从最边缘的工作做起，通过自己实际的体验去评估。同时，你也可以上网搜索相关信息，看一下从事这个行业的人都做些什么，也可以向他们讨教。

所以，如果你还没有大学毕业的话，一定要非常珍惜实习的机会，去体验，去感受。理想和现实一定会有距离。任何一个行业都会有它的优势，也会有它的劣势，只有在充分了解、评估之后才能够做出最适合自己的选择。

（二）有一种幸福：做喜欢并且擅长的事

做自己真正喜欢和擅长的事情，你就会长久地沉浸在忘我的喜悦当中，会有发自内心的踏实和充实。这种幸福是一切物质形式都无法替代的。当然，并不是你的任何喜好都会有人为你买单。比如有人喜欢打游戏，如果你能靠打游戏达到维持自己生存的程度，那也无可非议；但如果达不到这个程度，那你打游戏就变成了一种消耗，最后只会让你因虚度光阴而感到无比悔恨。这时，你就是在用自己的人生为自己的喜好买单。所以，我们在做真正喜欢和擅长的事情时，还应该考虑这件事对他人是否同样具有积极意义。只有这样，当你全情投入并做得很好的时候，回报高也就成了自然而然的结果；如果能做到极致，那更是大有裨益。

（三）如何正确地表达自己①

情景1：

一天下午，朋友说带着孩子一起出去吃饭。那天天气非常冷，还刮着大风。朋友家的儿子特别兴奋，还没穿外套就急着穿鞋出门。朋

---

① 海蓝博士. 不完美，才美Ⅱ：情绪决定命运［M］. 广州：广东人民出版社，2016：46.

友一看,朝着孩子吼道:"回去穿外套!把围巾围上!天冷不知道多穿些吗?回头冻死你!"

情景2:

一位妈妈带着孩子过马路。妈妈看到红灯亮起,便停了下来。但是孩子没注意到,仍继续往前走。妈妈赶紧一把拉住孩子,说:"跑什么跑,当心撞死你!"

"好话不会好好说",在我们的生活里太常见了,无论是夫妻之间,还是父母子女之间,明明关心对方,说出的话语却带有恐吓、诅咒的味道,就像情景1和情景2里的两位妈妈。这就是情绪表达障碍,又叫述情障碍。为什么会出现情绪表达障碍呢?很大程度上是受到原生家庭的影响。我们很多人都有过这样的经历,在小的时候,表达感受是不被父母允许的。比如,父母经常说类似这样的话:"你闭嘴,你再说,我抽你信不信?""不准哭,男子汉哭什么?给我憋回去!"

如果一个人从小就被父母不断训练，忽略自己的感受和情绪，那么长大以后，自然就不会表达情绪，甚至缺乏识别情绪的能力。当我们把所有负面感受都憋在心里，非常容易使得各种情绪混杂在一起，最后融合成一种情绪并表现出来，就是愤怒，这在亲密的关系中尤为明显，突出表现就是"好话不会好好说"。我们可不能小看了情绪表达不一致的负面效应。

情景1和情景2中的两位妈妈想表达的是关心孩子，孩子接收到的却是妈妈的斥责、批评。长此以往，孩子的感受就会变成，"妈妈就知道吼我，妈妈并不怎么爱我，妈妈没法沟通"。而妈妈想的是，"我天天为孩子操碎了心，孩子怎么就是不让人省心，我付出那么多，孩子还不领情"。母子两个人产生巨大感受差异的原因，就因妈妈没有做到一致性表达。

一致性表达，简单来说就是心里怎么想的，嘴上就怎么说，行动就怎么做。"心口统一"是萨提亚提出的理论。要做好一致性表达，有一个重要前提，就是识别情绪，对自己当下的真实情绪有清楚的认知。然后，表达要跟情绪保持一致。

还是以前面的两个情景为例。情景1里的妈妈，看到孩子穿得少，想要表达关心。关心是她当下的真实情绪，要先识别出来。接着，她可以说："宝贝，把外套穿上，围巾也围好。外面刮大风，降温了，穿太少容易感冒。"情景2里的妈妈，担心孩子过马路发生危险。担心是她当下的真实情绪。接着，她可以对孩子说："宝贝，咱们过马路时红灯停、绿灯行，而且过马路的时候要左右都看看。交通事故导致意外死亡的比例特别高，过马路不仔细点可是很危险的。"如果两

位妈妈用这样的语气、口吻说话，就是正确识别情绪并且表达了情绪。要想做到准确识别情绪和表达情绪，在这两者中间，有一个关键——在说话之前，给自己按下"暂停"键，花一两秒钟想想，想要表达的到底是什么情绪。

如果父母已经非常生气，感觉自己没办法通过"暂停"一两秒来调节情绪，甚至马上就要爆发了，该怎么办呢？可以使用"逃离现场法"，也就是暂时离开"事发地"。使用这个方法需要注意三点原则：

原则一，"事发地"在家里，或者是一个非常安全的地方，保证自己暂时的离开不会将孩子暴露于危险之中。在公共场所，此法不适用，除非现场还有其他家人陪伴孩子。

原则二，不要扭头就走，孩子会很困惑，同时会产生一个危险的想法："我妈（我爸）不要我了。"这是对孩子安全感的破坏。一个人一旦童年缺乏安全感，一辈子都会去寻求补偿，内心艰难而辛苦，别让无心之举铸成大错。

原则三，尽量保持平稳语调跟孩子打招呼，比如，先说："我现在马上要发火了，我想要自己待一会儿。你也想想刚才这个事。"然后再走。逃离现场法实际上也是给我们即将爆发的情绪按下"暂停"键。等我们冷静下来，再和孩子做一致性表达。如果还很生气，也可以直接告诉孩子，但是要克制表达的内容，不要讽刺、挖苦孩子，不要人身攻击，跟孩子讲明我们生气的原因就可以了。一致性表达，听上去很简单，要做到并不容易，需要父母首先学着觉察情绪，然后练习跟情绪一致的表达口吻和内容，这对于维持良好的亲子关系有着

极其关键的效用。

（四）宽恕那些伤害过你的人[①]

案例1：

一位妇女来向著名作家林清玄哭诉，她的丈夫是多么不懂得怜香惜玉，多么横暴无情，哭到后来竟说出这样的话："真希望他早点死，希望他今天就死。"林清玄听出妇人对丈夫仍有爱意，就对她说："通常我们非常恨、希望他早点死的人，都会活得很长寿，这叫作怨长久；往往我们很爱、希望长相厮守的人，就会早死，这叫作爱别离。"妇人听了感到愕然。"因此，你希望丈夫早死，最有效的方法就是拼命去爱他，爱到天妒良缘的地步，他也就活不了了。"林清玄说。"可是，到那时候我又会舍不得他死了。"妇人疑惑着。"愈舍不得，他就愈死得快呀！"妇人笑起来了，好像找到什么武林秘籍，欢喜地离开了。林清玄为此感叹说："人世间最好的报复是更广大的爱，使仇恨黯然失色的则是无限的宽容。"

复仇从来不能带来"平衡"和"公平"，报复常常使仇恨者和被恨者双方都陷入仇恨越结越深的痛苦深渊中。甘地说得好："要是人人都把以牙还牙、以眼还眼当作人生法则，那么整个世界早就乱作一团了。"一只脚踩扁了紫罗兰，紫罗兰却把香味留在脚跟上。宽恕是通向自由和快乐的捷径。以下几点建议能帮你消除仇恨、宽恕伤害你的人。

[①] 端木自在.不生气，你就赢了[M].南昌：江西美术出版社，2017：103-104.

第一，找出仇恨情绪的来源。开诚布公地承认你心中的仇恨。从某种意义上来讲，如果你有勇气向他人承认自己心中的仇恨，那就意味着你走出了宽恕的第一步。

第二，仇恨对事不对人。你可以对别人所做的对不起你的事生气，但你不必对得罪你的人"恨之入骨"。

第三，把心胸放开阔些。不必对日常生活中鸡毛蒜皮的小事耿耿于怀。

穿梭于茫茫人海中，面对一个小小的过失，用一个淡淡的微笑、一句轻轻的歉语，来显示对他人的包涵与谅解，这是宽恕；在人的一生中，常常因一件小事、一句不注意的话而被人误解或失去信任，但"人不知而不愠"，以律人之心律己，以恕己之心恕人，这也是宽恕。

宽恕意味着勇敢，而不是怯懦。要向自己的仇人做出高姿态，是需要很大的勇气的，同时，它还需要一颗善良的心。每个人都该学会用动机和效果统一的观点去衡量人的行为，这样可以减少许多不满情绪的产生，为报复心的萌生断了后路。当他人给你带来伤害时，你应该试着回想自己是否在某时某刻也给别人带去同样的伤害。如此将心比心，报复的欲念就会慢慢散去，你也就学会了宽恕对方。

第5章

情绪的来源(三)

一、关于事实

通过前面几章的学习,我们了解到情绪的来源有多个方面,本章介绍情绪的另一个来源:不接受事实。

日常生活中,人会对一件事、一个人物、一种思想有一个预期结果,然而当事情的结果和人的预期有所偏差时,人们很难在短时间内接受这个事实,此时个体就容易产生一些情绪。如果这个结果是由于自身原因造成的,那么个体可能会产生恐惧、紧张、懊恼的情绪;如果这个结果是由于他人造成的,个体可能就会产生愤怒的情绪。

例如,年终,某员工认为老板发给自己的年终奖应能达到两万,可老板最终只发了一万,员工可能就会郁闷;某位家长期待孩子的期末考试成绩语文超过90分,结果孩子只考了85分,家长非常生气;今天是老婆的生日,老婆以为老公会给自己买束鲜花,结果老公空手而归,老婆感到失落;等等。这些情绪的产生,都是因为事情的结果没有达到自己的预期。所以,当人不接受这些结果时,就会做出相应的情绪反应。

二、不接受事实的原因

正常情况下，不接受事实的原因有两种：首先，贪心越重，不接受的事实越多；其次，执念越深，不接受的事实越多。

（一）贪心越重，不接受的事实越多

生活中，我们经常听到一些声音：感到不满足，感到不公平等，事实上并不是我们拥有的少，而是我们想要的太多。基于此，可以说人的痛苦指数等于个体的预期结果除以事实发生的结果。所以，当预期结果越高，实际结果越低，那么痛苦指数也就越高。

一个人计较得越多，并不意味着他得到的就会越多。如果整日计较自己拥有得"够不够多"，极容易将自己心中真实需要的那份快乐忽略，进而变得郁郁寡欢、满脸愁容。只要我们将这个心结解开，就可以生活得更轻松、更快乐、更幸福，其实这并不是一件困难的事情，烦恼皆因计较太多。不计较是通往快乐与幸福的捷径，是开启愉悦开心之门的钥匙。当然，这里的"不计较"，不是不讲原则。对于大是大非问题，自然当计较就计较，还要非常计较；对于日常生活中无关原则的生活、工作内容，则不必太计较。

心理学上有一个"99原理"，它源自一个故事：

有一位厨师，每当他在炒菜的时候都会哼唱着小曲，看起来非常开心。有一天，皇上带着一位大臣经过厨房时，就和身边的大臣说："你看这位厨师多开心啊，我很羡慕他没有这么大的压力，而我们每天都会因国事烦恼。"这时大臣回道："皇上，您只需要做一件事就

可以让他变得不开心，奖励他 99 枚金币即可。"然后大臣就用袋子装了 99 枚金币让厨师带回家，但当时并没有告诉厨师袋子中金币的数量。当这位厨师回到家后，就开始迫不及待地清点金币的数量，数了很多次都只有 99 枚。厨师开始纳闷，怎么只有 99 枚？不应该是 100 枚吗？难道是自己在回家的路上不小心搞丢了一枚？还是有人趁自己不注意时偷走了一枚？他开始到处寻找。这个时候厨师就想：我得再努力工作才行，争取把那一枚金币挣回来，将 99 枚凑成 100 枚。

从那之后，每天他都在拼命地工作，就为了能够得到那一枚金币。厨师脸上的笑容逐渐消失，也不像从前那样开心了。但一枚金币并不是那么容易就能挣到手的，厨师开始变得失落，回家后还经常对老婆、孩子发脾气。

从这个故事我们不难发现：当结果不能满足越来越高的欲望时，痛苦就出现了，随之而来的就是通过表达情绪来宣泄。

在家庭中，这种贪心也表现在多个方面。老婆希望老公能够多挣些钱回来，老公希望老婆能多做些家务，等等。父母都会有一个共同的贪心对象：对孩子提出很多要求。不管孩子学习成绩多优秀，家长都会希望孩子更优秀。一次，笔者在现场授课时做了一个调查，发现大多数的家长对孩子很不满意，孩子这里表现不好，那里表现也不好，总之，孩子有太多毛病。

家长对孩子的不满主要表现在以下几个方面：首先，对孩子的考试分数不满。很多家长认为自己的孩子很有潜力，孩子可以考得更好。孩子考了 80 分，有些家长会说要是考 85 分该多好啊；在孩子努力考到了 90 分后，家长又说要是能考到 95 分就好了。在孩子努力后终于考到了 98 分，家长又说：要是不失掉这两分该多好啊。真的是孩子做得不够好吗？实际上是家长的贪心在作怪。

有些家长在孩子成绩方面的贪欲不止一点点。

在孩子的教育问题上，建议家长们要做到留得青山在，不怕没柴烧，什么是青山？青山就是孩子的学习兴趣，孩子还愿意进步。现今有很多家长逼迫孩子按照父母的意愿去学习，总认为孩子没有全力以赴，不在乎孩子的想法，忽视孩子自己的目标，结果孩子失去了学习的兴趣。孩子可以全力以赴地拼搏一天、一个星期甚至是一个月，但要让孩子在十几年的求学期间，每一天都要全力以赴地拼搏，实在为难了孩子。父母给孩子留有一点回旋的余地，要考虑孩子的学习兴趣。

> 教育孩子,家长们要做到"留得青山在,不怕没柴烧"。
>
> 什么是青山?"青山"就是孩子的学习兴趣。

下面分享两个案例:

案例1:

一位学生很聪明,各学科知识学得也很扎实,但每次考试成绩平平,问及缘由,这位学生的回答很耐人寻味:"每当我考高分的时候,妈妈就会满意;而当我考试分数不高时,妈妈就不满意,而且会发脾气。她告诉我只能进步,不能后退。可是我也不能保证每一次都会考高分啊,而且又不希望看到妈妈生气,所以我就故意考得差一些,然后下次再稍微进步一点,这样妈妈就不会骂我了。"

从这个案例可以看出,在家长不断施压的同时,孩子和家长的博弈也出现了。当孩子心里一直想着只能进步、不能退步时,这个孩子很有可能会选择停滞不前,因为他担心进步之后可能会再退步,爸爸妈妈就会批评自己。久而久之,当孩子发现自己永远无法达成父母给的目标时,可能就会产生放弃的想法。

案例 2：

一位家长聊天时说她的女儿很孝顺，在家主动打扫卫生做家务，对人也很有礼貌，可话锋一转，这位家长狠狠地说了一句："就是学习成绩不好，这有什么用呢？"试想一下，如果她的女儿考试成绩虽然能达到第一名，但女儿再也不孝顺，对他人没有礼貌，在家也不做家务，你是喜欢女儿原来的样子还是现在的样子？相信大多数父母选择前者。当孩子成绩不好时，你想要女儿取得好成绩；而当女儿成绩优秀时，你又想让她德才兼备，做一个完美的孩子。可见父母对孩子的贪心有多重。

冷静下来我们就会发现，孩子其实很优秀。有的家长会认为，对孩子提要求是对孩子好啊，这是爱孩子的表现啊。不否认这些家长的观点，但这种要求要是永无休止的话，这种爱叫贪爱，不是仁爱。

我们需要对孩子提出合理的要求，需要给孩子引导，但不是逼迫孩子一定要顺从自己的想法，不是逼迫孩子一定要达到父母的预期。更重要的是，当孩子的表现和家长的预期有一定差距时，请管理好自己的情绪。我们要有追求，但不能贪心。

（二）执念越深，不接受的事实越多

何为执念？"执"是执着的意思，"念"是理念的意思，总体可理解为执着于自己的理念或只认同自己的观点。每个人都有着自己内在的观念，我们总是用自己的观念去判断外界的事物到底是对还是错。一旦不符合自己的观念，就认为是错了，就想改变别人或产生情绪。每个人都会有自己的观念，如果一个人总是执着在自己的观念中，总认为自己是对的，这个人不能接受的事情就会越来越多，他的痛苦指数就会越来越高。

我们应该鼓励孩子勇于表达自己的观点，但孩子毕竟受到知识面的限制，许多知识超出他们的认知层面，所以他们会表现出只认同自己的观念。其实，除了孩子之外，成年人有时也会如此。无知的人，总认为自己是对的，总会执着于自己的观念中无法自拔。当你学得越多，越觉得自己无知，也就越圆融。一个人知识越丰富，越能放下执念、接受不一样的思想与理念，越能进行全面的判断。

有一个大师为人处世很有经验，有位年轻人就问大师："大师，听说您非常厉害，请问您厉害的方法是什么？"大师回道："我跟别人交流时，无论别人讲什么我都会认可他，这就是方法。"小伙子一听马上就对大师说："您这样不对，显得没有原则，就算您跟他交朋友也不够真诚啊。"大师听到后回道："年轻人，你讲得对。"

这则小故事很有意思，大师并没有因为小伙子否定自己而生气，反而赞同了这位年轻人的观点。大师在赞同年轻人观点的同时也肯

定了自己的方法。所以，我们可以尝试一种黄金沟通句式："你说得对！"虽然说这句话的字数很少，但其中蕴含着巨大的正能量。

在家庭教育中，和孩子的交流也是这样。只要是在法律和道德的范围之内，可给孩子一定的自主决定权。当家长放下自己的执念，接受孩子的想法，其实就已经安抚了孩子的情绪。即先解决情绪问题，再解决事情。例如，当孩子向你表达自己对一件事情的想法时，如果你回应他的是："孩子，你这个想法很不错，在这基础上，如果你把某些地方改善一下，可能效果会更好。"孩子的想法被接受之后，孩子肯定信心满满，干劲十足。若你回应孩子："什么乱七八糟的想法？天天想这些没用的，赶紧写作业去！"这个时候，好一点的孩子可能不会顶嘴，但他的内心肯定会受到打击；如果孩子的脾气也不好，他可能就会顶嘴，甚至连作业都不写。

这两种对待孩子的方式就能反映出家长教育孩子的理念截然不同。第一种，家长有自己的观点，但他并不会否定孩子的观点，在肯定孩子观点的同时也表达了自己的看法，这个时候孩子也会思考家长的观点是否正确，所以沟通很顺利。第二种，家长执念于：你现在是一名学生，学生就要好好写作业，不要做任何与学习无关的事情。换句话说，孩子必须时时刻刻在学习，才符合家长的理念。这种情况下，家长和孩子发生争执就不足为怪了。

如果一个人过分地沉浸在自己的世界里，过分地相信自己，过分地坚持自己做人的原则，不懂得示弱，自然也会伤害到周围的人。明成祖朱棣攻破南京后，让方孝孺为他起草诏书，方孝孺不愿意。朱棣一再逼他，方孝孺于是拿起笔写了四个字"燕贼造反"。朱棣十分愤怒，对方孝孺说："难道你不怕我诛杀你九族吗？"方孝孺回答说："你诛杀我十族我都不怕！"于是朱棣真的把方孝孺的朋友、师生算作第十族一并诛杀。方孝孺的回答很硬气，但是他的那些朋友和师生却死得实在太冤枉。①

① 楚欣.六百年后依然还是叹息：读《明史·方孝孺传》[J].炎黄纵横，2014(6)：49-51.

示人以弱也就是把自己比较强的一面暂时隐藏起来，而向别人展示自己比较弱的一面，给别人不太强大的感觉！这里的"弱"，并不是展示自身实力的"弱小"，而是对待事物的一种态度，一种谦和的、柔中带刚的处世原则；示弱是为了便于双方沟通，争取对方理解，避免矛盾升级，最终的目的是确保相关问题得到顺利解决。

什么是真正的强者？或者说有没有一种被人公认的强者准则？人们对此众说纷纭，一种人认为强者即力量的强大者，权力处在巅峰，占据老大的位置；另一种人认为世上并无永恒的强者，强弱是相对的，一个人在某方面的强大或许正掩盖了其在其他方面的弱点。

案例3：

美国南北战争期间，林肯为了稳健，一直任用那些没有太大缺点的人任北方军的统帅。可是，事与愿违，在拥有人力、物力优势的情况下，北方军接连被南方军打败，有一次差点丢了首都华盛顿。

林肯很震惊，经过分析，他发现南方军将领都是有明显缺点，同时又具有个人特长的人，总司令善用其长，所以能连连取胜。于是，林肯毅然任命格兰特将军为总司令，这在当时的确遭到不小的非议。某个禁酒委员会的成员访问林肯，要求他将格兰特将军免职。林肯不由大吃一惊，问原因何在？该委员会发言人说："因为他太贪酒了。""那好吧，"林肯说："请你们谁来告诉我，格兰特喝什么牌子的酒啊？我想给我的其他将军每人送一桶去。"林肯当然知道喝酒误大事，但他更清楚在诸将领中，唯有格兰特将军能够运筹帷幄，是决胜千里的帅才。事实表明格兰特正是这场战争的福音，最终，格兰特打败了南部军队总司令罗伯特。

后来，有人问林肯这件事情是否属实，林肯说："不，我没有这样说过，但这故事不错，几乎可以载入史册。我可以把这个故事追溯到乔治二世与沃尔夫将军那里去：当某些人向乔治抱怨说沃尔夫是个疯子时，乔治说：'我倒希望他能把某些人给咬了！'"①

哈兹里特曾经说过："偏见是无知的孩子。"此言说得一点都没错，"人""扁"组合为"偏"，人一旦有了偏见，就会把人看"扁"、看"偏"。成天抓住自己缺点不放的人非但不会获得成功，还会阻碍自己在其他方面的判断。

我们不能戴着有色眼镜看待任何人，否则，不仅会伤害别人的自尊心，而且可能将自己的英明毁于一旦。与他人相处时，请摘下有色眼镜，这样你才能拥有一双明察秋毫的眼睛，它能帮你透过别人的不足看到别人的优点，使你拥有一颗博大的心，不会因为小事而斤斤计较，更不会因为以前的一点点摩擦而忽视了朋友间真诚的友谊。

拓展阅读

（一）错误的执念：是别人惹我生气的，不是我的错②

生气是因为我们的内心有很多的"应该"和"标准"，我们觉得

---

① 徐宪江.情绪掌控术：有效地表达自己不失控［M］.北京：新世界出版社，2011：80-81
② 海蓝博士.不完美，才美Ⅱ：情绪决定命运［M］.广州：广东人民出版社，2016：08-09.

别人做的事情、说的话应该符合我们的"标准"；当不符合我们的"标准"，伤害了我们利益的时候，我们就会生气。

事实上，很多人的行为不是为了惹你生气，他们只是根据自己的需求和理解做事而已；他们不是在和你对抗，也不是为难你，而是你对他们的言谈举止的解读让你生气。当我们觉得别人在冒犯我们、不尊重我们、不认同我们、不喜欢我们、不顾及我们需求的时候，我们就会生气。太多的时候，别人不是不顾及你，只是不懂或者没能满足你的需求而已。

没有人故意惹你生气，是你太把自己当回事，以为别人一切都是针对你，你真的想多了！所以，情绪归根结底在于我们自己如何看人看事，与别人没有任何关系。

（二）生气是犯傻，是拿别人的错误惩罚自己[①]

愤怒是用别人的过错来惩罚自己的蠢行。若你对某人所做的某事不满、生气，说明此人在你心目中占有一席之地，你重视、在乎此人，你不希望他所做之事会令你不快，更不希望会伤害到你。如果确实这个人在你心目中占有一席之地，你生气还情有可原。如果你们之间什么关系都没有，那生什么气呢？为了一个跟你毫无瓜葛的人生气值得吗？别人犯了错，你生气，岂不是拿别人的错误来惩罚自己吗？

然而，真正做到不惩罚自己的人又有多少呢？走在路上若被人泼了水，虽然对方一个劲儿地道歉，你也明白人家不是故意的，但看着自己湿漉漉的衣服，还是忍不住抱怨："真可恶，怎么这么倒霉？"

---

① 端木自在.不生气，你就赢了［M］.南昌：江西美术出版社，2017：11.

你一整天都在想这件事,又后悔不已:早知道早点出门,或晚点出门。总之,到头来还是在生自己的气。不妨这样想一想,反正被泼了水,再怎么抱怨、后悔都没用,衣服还是湿的。今天我穿的这件衣服也不好看,不是常说遇水则发吗?这样一来,快乐指数就上来了,回家换件衣服,重新开始新的一天。

(三)情绪是会相互传染的

案例4:

1930年是美国经济较萧条的一年。当时美国国内大部分的旅馆倒闭了,希尔顿旅馆欠了大量债务。老板希尔顿把员工召集在一起,说:"为了将来能有云开日出的一天,我请各位万万不可把愁云挂在脸上,给顾客的应该是永远的微笑。"希尔顿用这种"微笑的精神"笑到了最后。①

在美国经济复苏后,希尔顿旅馆率先红火起来,这时希尔顿又对他的员工说:"只有一流的设备而没有一流的微笑,正好比花园里没有阳光。我宁愿住虽有残旧的地毯却处处有微笑的旅馆,不愿住只有一流设备而见不到微笑的地方。"如今,希尔顿集团的资产已经发展到数十亿美元,其在全球旅馆业声名显赫。困难时期的微笑成了产业发展的动力和物质财富。

美国心理学家加利·斯梅尔经过长期研究发现:原来心情舒畅、开朗的人,若一整天与愁眉苦脸、抑郁难解的人相处,不久也会变得

---

① 王炳云.周万平.微笑能成为财富[J].海内与海外,2000(9):14.

沮丧起来。一个人的敏感和同情心越强，越容易感染上坏情绪。这种传染过程是在不知不觉中完成的。一个情绪并不低落的学生，和另一个情绪低落的学生同住一间宿舍，前者的情绪往往也会低落起来。在家庭中，如果一个人情绪低落，其他成员也容易出现情绪问题。

美国另一位心理学教授的研究表明，只要20分钟，一个人就可以受到他人低落情绪的传染。在社会交往中，个人情绪对其他人情绪有着非常大的传染作用，如果你喜欢且同情某个人，你就特别容易受到那个人的情绪影响。

对于控制不住自己而在家庭、职场中经常发泄不良情绪，制造情绪污染的人，应该如何诊治这种危害人际关系的"病毒"呢？最重要的是要让自己学会快乐，变消极情绪的污染源为积极情绪的传播源。

有人说："现实中就是有那么多不如意的事，你让我怎么高兴起来？"曾有一家由一对心理医生夫妇开办的心理咨询所，天天门庭若市，预约号常常排到了几个月之后。他们受人欢迎的原因很简单，他们夫妇的主要工作是让每一位上门的咨询者经常操练一门功课：寻找微笑的理由。

比如，在电梯门将要合拢时，有人按住按钮为了让你赶到；收到一封远方朋友的来信；有人称赞你的新发型；雨夜回家时发现门外那盏坏了很久的路灯今天亮了；清洁工在离你几步远的地方停下扫帚，而没有让你奔跑着躲避灰尘。

生活中的任何细节都可以作为微笑的理由，因为这是生活送给你的礼物。那些按这对心理医生夫妇要求去做的人发现，几乎每天都能轻而易举地找到十几个微笑的理由。时间长了，夫妻间的感情

裂痕开始弥合，与上司或同事的紧张关系趋向缓和，日子过得不如意的人也会憧憬起明天新的太阳。总之，他们付出的好心情，都有了意想不到的收获。记住，情绪是会传染的，多为快乐找理由，别为消极找借口。

案例 5：

孙某在大连市一家大型企业做中层领导。月底发工资时，孙某突然发现自己的工资少了 200 多元钱，于是去人事部门问个明白。"上班表情不佳，影响到部门员工工作情绪的每次扣 10 元，这是公司的新规定。"

孙某对人事部门给出的答复哭笑不得。孙某猛然想起，在上个月中层以上部门经理的会议中，总经理说过这样一句话："曾经有一份调查显示，职场中如果领导眉头紧锁，员工就会承受很大的工作压力，并导致工作效率直线下降。"正所谓"老板不笑，员工烦恼"，因此总经理要求所有中层以上领导在工作中一律要保持良好的表情，在办公室里营造出一种愉快的气氛。

孙某平时不爱笑，又喜欢闹点小脾气，公司的新规定在她的心里只停留了几天，就被她抛到脑后了。她在讨说法时，人事部门还给出了答复："7 月 23 日，部门会议前，因为孙经理的面部表情僵硬，七八名员工在办公室门口一直不敢进去。"这段话来自部门员工的举报。孙某在 7 月份一共遭遇了 22 次这样的举报，应罚款数目 220 元。了解到情况后，孙某说，没想到自己不爱笑的特点竟让同事们这么为难，自己也曾经尝试着微笑，但总觉得不自然。"我

这些天也在练习微笑,我想这不仅能使别人愉快,也能让自己的心情变好。"

因为不爱笑,给下属带来心理压力而受到处罚,这表明企业已经开始重视心理对员工工作效率的影响了。请注意:自己的情绪并不只是自己的事,它会形成一个"小气候"而影响他人;反过来,别人的情绪也会影响到自己。

第 6 章
情绪的来源（四）

有的朋友就会疑惑，教育是如何造成人的情绪问题的呢？其实只需仔细思考一下，这个问题就不难理解。我们会产生很多情绪问题，很大一方面是因为我们所接受的教育，良性情绪和不良情绪都会通过教育手段或方式产生。

一、不良示范造成的情绪问题

人在受到周围环境影响下会产生模仿行为，模仿的内容多种多样，但大多集中在语言模仿、行为模仿，当然还有情绪模仿。好的环境可能会产生好的模仿内容，但不良环境可能就会导致不良后果。会对人的情绪造成不良影响的示范因素主要来源于三个方面：首先，孩子的情绪问题是父母的翻版；其次，社会环境的影响；再次，游戏、影视等的不良影响。

（一）孩子的情绪问题是父母的翻版

首先，不良情绪会来自父母的不良示范，当然也有可能来自爷爷

奶奶或其他家庭成员的影响。当讲到家庭因素尤其是父母的原因，大家可能会想到遗传。遗传确实对孩子的性格、情绪有影响，但更多的影响是来自后天的家庭环境。有的父母脾气暴躁，很容易生气，或者遇到事情很容易悲观。与之相反，也有很多家长是个乐天派，遇到事情都往好的方面想，积极寻找应对的办法。

当你因一些事情产生情绪时，无论是好的情绪还是不好的情绪，这些情绪是如何产生的呢？冷静下来思考，或者站在第三者的角度来观察，就会发现你表达出的情绪或行为和你的父母非常像。父母的情绪状态很容易传递给孩子，孩子的情绪和行为就是父母的翻版。遗传分为生物性遗传和社会性遗传。前者主要体现在孩子的长相、身高等方面；后者主要是潜移默化的影响，如父母的情绪、思想、行为习惯等，孩子都会进行模仿。

案例1：

孩子在玩耍的过程中突然对一起玩耍的朋友说一句："我要生气了。"问及孩子的家长："家里面是不是有人对宝宝说过类似的话？"这个时候孩子的奶奶就说，她经常会对小孙女说："你再这样我就要生气了，没想到这句话被宝宝学会了。"

当孩子还小的时候，这句话从宝宝口中说出来感觉比较好笑，但是随着孩子慢慢长大，她就会慢慢地把这句话变成事实，慢慢地就学会了用情绪去解决问题。孩子的情绪状态慢慢地就变得和家长的情绪状态类似了。我们经常讲的家风就是如此。什么叫家风？其实就是父母的语言、行为、道德、情绪等以基本固定的状态传下去。祖辈传给父辈，父辈传给子代，然后再往下传，慢慢地就形成了一种风气。即你的情绪状态受到了父母的影响，你的下一代又会受到你的影响。

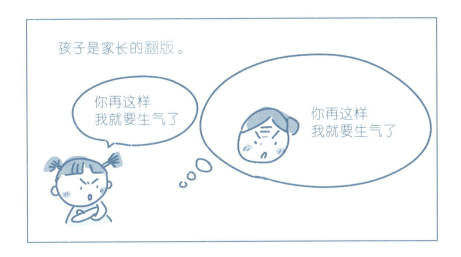

（二）社会环境的影响

整个社会的状态也会给人带来示范作用。如果整个社会都处在愤怒中，人就会变得愤怒；如果整个社会都很焦虑，人就会跟着一起焦虑。

当今，许多家庭呈现出这样的一种状态：缺位的爸爸、焦虑的妈妈、失控的孩子。在教育孩子方面，很多爸爸由于工作原因无暇顾及孩子的教育问题，教育孩子的工作自然而然落到妈妈的身上。妈妈既要照顾孩子的衣食住行，还要辅导孩子的功课。当前，孩子的功课中有许多已不再是孩子能独自完成的，必须要有家长的参与才能完成。这给本就操劳的各位妈妈再添重任，妈妈们能不焦虑吗？

当前许多家庭呈现出这样的一种状态：

缺位的爸爸　　焦虑的妈妈　　失控的孩子

（三）游戏、影视等的不良影响

影视业的发展丰富了我们的闲暇时光，各种题材的影视作品走进了我们的日常生活中。然而有些题材的影视作品有很多打斗的场景。年轻人热血澎湃，喜欢模仿影视作品中的打斗场景，看谁不爽就打谁，生气了就想打架，感觉只有这样做才会像电影里那样帅气、潇洒。我们要多观看一些正能量的影视作品，如激人奋进、宣传爱国情怀的《战狼》《我和我的祖国》等电影，这些电影受到了广泛好评，在社会上营造了浓厚的爱国氛围。

现如今，孩子可以接触到的电子游戏越来越多，游戏中的暴力对抗场面屡见不鲜。孩子在打电子游戏时大喊大叫，责骂对手太厉害，责骂队友不给力，很随意就表达出不满的情绪。很多家长产生疑问，孩子的脾气怎么变成这个样子了？其实孩子都是从这些虚拟的场景中学来的。

二、教育行为带来的情绪负债

(一)什么是情绪负债

什么是情绪负债?情绪负债是指因某种教育行为使得孩子对情绪的理解出现偏差,致使孩子在未来的生活中不断受到影响。中国有句古话,影响着千千万万的人:"男儿有泪不轻弹。"这句话意思很简单,一个男孩子怎么能随便哭呢?受这句话的影响,很多男孩子在委屈、伤心、气愤的时候都会强忍泪水,压制情绪,但压制情绪并不能说明这种情绪消失了。

其实哭泣可以很好地发泄情绪,但对于男孩子来说,这似乎有点行不通。长此以往,要么会造成情绪大爆发,要么会对身体造成负面影响。调查发现,中国男性的平均寿命要比女性的平均寿命少5~10年,很大一部分原因就是因为男性心中的情绪长期不能得到宣泄。不是说"男儿有泪不轻弹"这种教育理念不好,而是我们误解了这句话,误认为男人要压制所有的情绪,不能随便抱怨,不

能发泄情绪。这种误解产生了一些负面影响。

类似这种情绪负债的例子还有很多，如女孩子要笑不露齿、退一步海阔天空等都会让我们压抑一些情绪。压抑久了，就会产生负面影响。有人说，"忍"字为"心"字头上一把"刀"，只要你忍了，看不见的刀子就在攻击心脏。这样看来，忍也不对，不忍也不对，到底该怎么办呢？我们要学习如何管理情绪，管理情绪并不是让你学会忍耐，而是将情绪通过合理的方式表达出来。

在中国的家庭中，存在一种非常普遍的现象，孩子在很小的时候经常会哭，一旦孩子哭闹起来，家长就赶快哄孩子，这时无论孩子要啥，只要家长能满足，几乎大多数家长都会满足孩子的要求。待孩子慢慢长大后，如果孩子还是通过哭闹来向父母提出要求，这些家长就要注意了，你的处理方法会对孩子造成深刻的影响。一般情况下有两种处理方式，同样地，也会带来两种不同的结果。

第一种处理方式：当孩子想要一些东西，如零食、玩具等，家长没有满足孩子的要求时，孩子就大哭大闹，家长没有办法只好妥协，也许这些家长觉得满足孩子的要求是爱孩子，实际上，这种方式会给孩子误导：我可以通过哭闹、通过表达情绪来达到目的。孩子分不清哭泣是表达情绪还是一种可以达到目的的手段，形成了错误的情绪认知。久而久之，情绪表达就有了问题。

第二种处理方式：孩子希望通过哭闹向家长索要东西，但是家长并没有直接答应孩子的要求，而是等孩子哭完安静下来后，家长耐心地和孩子沟通，如果你感到不开心，有情绪，可以哭泣，但我不会因

为你哭就要答应你提出的要求；你要和爸爸妈妈说清楚你想要的东西，这样爸爸妈妈才能给你买。按照这样的方式，几次尝试之后，孩子就会知道哭闹并不能解决问题，同时孩子也会慢慢地认识到哭泣是表达情绪的方式，并不是一种达成目的的手段。

这两种处理问题的方式其实也就是教育孩子的方法。方式不对，就会误导孩子；方式得当，孩子就会进步，家长也会满意。

案例 2：

一次在课堂上，太阳光很刺眼，已经晒到坐在窗户边上的一位同学了。老师走过去把窗帘拉了起来，就在这时，被阳光晒到的同学小声说："老师，我早就想拉窗帘了。"老师就问他为什么没有拉窗帘，他说他之前在家被妈妈责怪了好几次，就是因太阳光晒到房间里他去把窗帘拉起来了。他以为，如果没有得到老师的允许，自己是不可以拉窗帘的，否则就会被责骂。

这件微不足道的事情已经在孩子心中埋下了恐惧情绪的种子，如果他的妈妈询问清楚或者没有责骂他，孩子可能就不会有这种恐惧情绪。类似的事情太多了，当孩子打碎一只碗，父母责怪孩子；当孩子没收拾玩具，父母责怪孩子；当孩子没写完作业，父母责怪孩子；……父母一次次的责怪，孩子心中的恐惧或紧张的情绪会越来越多。如果这些情绪不能被及时安抚，孩子就会变得胆怯、懦弱。

父母应该如何安抚孩子的情绪呢？比如孩子打碎了碗，要及时告诉孩子不要害怕，有没有受伤？孩子的情绪被安抚之后他就会放松下

来，这个时候父母可以告诉孩子以后要注意的事项，孩子也会记住。

（二）情绪负债的三个来源

1. 第一个来源：依赖型性格

具有依赖型性格的人常常在好坏、善恶之间徘徊，给自己造成很大的困扰。比如，"这件事情是好的还是不好的？""我是好孩子还是坏孩子？"，等等。这在心理学上叫作"自居"，自居就是把自己比喻成什么。

比如，孩子在玩"过家家"时，男孩子经常自居爸爸，女孩子经常自居妈妈，所以慢慢地男孩子就跟爸爸学，女孩子就跟妈妈学。不过现在爸爸一般都比较忙，很多小孩子长期和妈妈在一起，上学以后又碰到很多女教师，很多男孩子都女性化了。人类女性化、中性化，其实都是情绪负债引起的。

2. 第二个来源：控制型性格

控制型性格有三大问题。

第一，在对错之间徘徊，"我做对了吗？""我做错了吗？"其实没人知道什么是对，什么是错，人不要在二分法的两极化当中增加困扰。当一个人越来越成熟的时候，他就会越清楚地发现做到"黑白分明"是困难的，会有很多灰色地带，会知道"对中有错""错中有对"的范围在慢慢扩大，这样他的情绪才会比较平稳。

第二，在是否聪明问题上纠结，"我聪明吗？""我是不是很笨？"其实没人知道什么是聪明，投机取巧的人可能是最笨的，因为他吃的

亏一定最多。

第三，在坚强和软弱之间徜徉，"我坚强吗？""我软弱吗？"最软弱的其实是最坚强的。水最柔软，但是水却能把石头滴穿。

3. 第三个来源：竞争型性格

现在有很多人提倡人们要有竞争意识，因为现代社会，一个人若缺少竞争意识，会很快被社会淘汰。人类发明了电脑，是科技的巨大进步，因为电脑可以让人记忆、存储、计算更为方便，但是现在很多人在电脑上玩命地工作，沦为电脑的奴隶；人类发明钞票，是为了让大家买东西方便，可是人类很快变成了钞票的奴隶，认为谁的钱多，谁的本事就大；人类发明汽车，是用来代步的，可是有很多人追求豪车，好像不买豪车就低人一等。

人类发明的东西，本来是为了帮助人类自己过好日子的，但由于很多人的非理性的竞争意识，这些东西反而慢慢变成折磨人类的"凶手"。

其实，每个人都不同程度地具有这三种性格的优点、缺点，大家要了解自己的性格类型，看哪种性格占主导地位，然后积极地改善自己，获得情绪自由。

三、教育的本质

大多数父母在教育孩子的过程中，都做了相同的事情：在孩子成长过程中给孩子加上一层又一层的条条框框。孩子要在这条条框框里

成长，必须要遵循这些条条框框的要求，什么能做，什么不能做。孩子为了迎合这些条条框框，就会压抑、伪装自己，使自己变成符合父母期待的样子。当父母觉得很满意时，他们会觉得孩子很正常，但孩子可能会非常压抑。这些不好的条条框框就是一种情绪负债，孩子在未来一定会为此付出代价。

那是不是教育孩子就不要给孩子添加这些条条框框，放任孩子，任其自由发展呢？答案是显而易见的，我们不能放任孩子不管。父母给孩子加条条框框是为了保护孩子，是为了让孩子按正常的成长轨道成长，所以，应该给孩子加条条框框。但父母应该及时反省，自己给孩子加的条条框框是不是有问题。

那什么是真正的教育？真正的教育是父母给孩子加条条框框之后，会引导孩子再将条条框框打破，孩子成长的过程其实就是将条条框框打破的过程。比如有个小孩子，他会经常问妈妈："妈妈，什么是好孩子？什么是好人？"妈妈说："听妈妈的话，就是好孩子。"在孩子听到这句话之后，他就会为了成为好孩子而听妈妈的话，也就可能因此失去很多机会，得罪很多人。终于有一天，这个孩子会明白，要想成为好孩子，不仅要听妈妈的话，还要爱别人，还要遵守道德，热爱国家。当孩子能从妈妈给的"听妈妈的话，就是好孩子"这个条条框框中转变到"为身边人着想，贡献自己的力量，才是好人"时，原来的条条框框就被打破了，这一过程也叫"破框"。所谓破框，就是孩子在成长过程中，在接受越来越多观念的情况下，能够形成自己的思想或观念。

那该如何破框呢？主要有两个方面：首先，让孩子在成长过程中付出一些代价，这些代价可以让孩子认识到之前的条条框框是有问题的。其次，可能因为一位德高望重的老师、一本书、一部电影等打破了孩子固有的观念，然后重新组合。

如果您是一位家长，您就要学会理解，教育孩子时，需要给孩子制定规则，但是在孩子成长的过程中，他们会遇到障碍，会感到痛苦，这些经历是必不可少的。让他们去经历一些挑战，哪怕犯错误都不要紧，因为只有他们犯了错误，经历了挑战，才能发现自己的不足，发现束缚自己的条条框框，从而想办法打破那些旧条条框框。

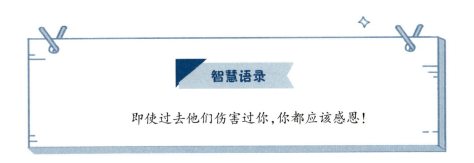

智慧语录

即使过去他们伤害过你，你都应该感恩！

拓展阅读

（一）你跟孩子怎么说话，决定着他会变成什么样的人

对于孩子来说，父母的爱是世间最强大的魔法。就像哈利·波特一样，伏地魔杀光了所有反对他的巫师，却唯独不能杀死婴儿时期的哈利·波特。那是因为哈利·波特身上有一种最古老、最强大的魔法：来自父母的爱。正是这份古老而又强大的爱保护了哈利·波特。

爱孩子是父母的天性，但爱也需要用语言来封装。

孩子总是会出现一些需要被管教的言行，当我们严厉地批评、纠正孩子的时候，孩子心里是有些害怕和担忧的。他有可能会产生疑问："妈妈还爱我吗？"为了不破坏孩子内心的那份安全感，我们可以对孩子说："我不喜欢你这个行为，但是我永远爱你这个人。"要把管教行为和对孩子的爱分开，让孩子明白："你是安全的，妈妈依然爱你，但是我不可以纵容你。"这样，父母就不太会因为严厉地管教孩子而破坏了亲子关系。

在管教孩子的过程中，很多父母会无意识地说出很多伤害孩子的话语，而他们的内心还觉得这是为了孩子好。下面列举了部分伤害孩子的话语："你怎么那么笨？讲几遍了还听不懂。""你看看别人家的孩子，你怎么就不会。""如果你再……我就不爱你了。""气死我了，我不要你了。""我怎么有你这么个孩子，没出息。""你怎么这么慢，跟猪一样。""你看看你这个德性，我整天拼命挣钱，你

竟然学成这样，你好意思吗？"这些话语是对孩子的攻击和否定。

孩子做得不够好，很可能只是因为能力发展得还不够。大人也有很多事情没学会，甚至是学习了很多年的东西也没学会。如果因为孩子犯一些错误，父母就全盘否定，甚至对孩子进行人身攻击，不但无法帮助孩子积极完善自我，而且还会让孩子产生"我不行"的自我否定感，放弃自己，拒绝做任何新的尝试。

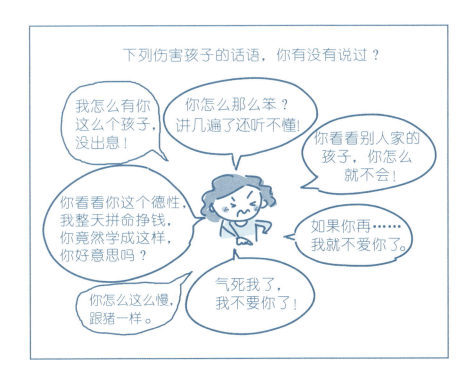

在生活中，还有一种情况，有效的批评有时可以激起孩子的斗志。比如："你就不能争口气，把数学成绩提上来吗？"正向激励和负向激励到底哪个好？什么时候用？其中的尺度拿捏取决于情绪与行为决策之间的关系。

激励不管是正向还是负向,它首先引发的是情绪。人接受表扬会高兴,遭到批评会难受。这一点,任何人都一样,包括我们的孩子。人在情绪化过后,会有一个回归理性的过程。有的人能够从正向激励中找到动力,然后更加勤奋努力;有些人更善于追问自己,从负向激励中找到自己做得不好的原因,然后做出改善。比如,有些孩子会觉得,父母认为我做得不好,我就是要向他们证明:"我可以!"

所以,正向激励和负向激励没有好坏之分,只是因人而异。但对于孩子而言,建议正向激励多一些。激励的话会让孩子更有安全感,更能引导孩子正向成长。

（二）心字头上一把刀，忍住才不受伤害[1]

有人认为和颜悦色、宽恕容忍，从不疾言厉色，就是十足的懦夫行为，殊不知这样的人才是真正具有大智、大仁、大勇的人物。有人更认为凡事忍耐、含垢忍辱、承认过错及接受责罚便是懦夫。事实上，在衡量自身条件尚无绝对必胜把握时，暂时的忍辱负重是必要的。而死不认错、不负责任的人才是真正的懦夫。

案例3：

齐国攻打宋国，燕王派张魁作为使臣率领燕国士兵去帮助齐国，齐王却杀死了张魁。燕王听到这个消息，非常气愤，就招来有关官员说："我要立即派军队去攻打齐国，为张魁报仇。"

大臣凡繇听说后谒见燕王，劝谏说："从前以为您是贤德的君主，所以我愿意当您的臣子。现在看来您不是贤德的君主，所以我希望辞官不再做您的臣子。"燕王问："这是为什么呢？"凡繇回答："松下之乱，我们的先君不得安宁被俘，您对此感到痛苦，却侍奉齐国，是因为力量不足。而今张魁被杀死，您却要攻打齐国，这是您把张魁看得比先君还重。"燕王说："你认为应该怎么办？"凡繇回答说："请您穿上丧服离开宫室到郊外，派遣使臣到齐国，以客人的身份去谢罪，说：'这都是我的罪过，大王您是贤德的君主，哪能全部杀死诸侯们的使臣呢？只有燕王的使臣独独被杀死，这是我国选择人的时候不慎重啊，希望您能让我改换使臣以表请罪。'"

---

[1] 端木自在. 不生气，你就赢了[M]. 南昌：江西美术出版社，2017：23.

燕王接受了凡繇的意见，又派了一个使臣到齐国去。使臣到了齐国，齐王正在举行盛大的宴会，参加宴会的近臣、官员、侍从很多，齐人让燕王派来的使臣进来禀告，使臣说："燕王非常恐惧，因而派我来请罪。"使臣说完了，齐王又让他重复一遍，以此来向官员、侍从炫耀。于是齐王派出地位低微的使臣去告诉燕王，让燕王返回宫室居住。

由于燕王忍怒而委曲求全，保全了国家，为他后来攻打齐国准备了充分的条件。试想假如燕王逞一时之怒，匆忙去攻打齐国，恐怕早已成为齐国刀俎下的鱼肉了。迫不及待地感情用事，只会坠入万劫不复的深渊之中。按下自己的性子，不为一时之气大动干戈，忍小事而获长久安定，大臣凡繇为燕王和燕国算了很划算的一笔账。忍是非常务实、通权达变的生存智慧。生活中和事业上的智者都懂得忍之道。忍耐，不是一味妥协，不是委曲求全，而是一种以退为进、以弱胜强的做人哲学！忍总是暂时的，而胜利却是长久的。以片刻之忍，避免被愤怒所伤。

无论是在事业上，还是在个人的人生征途上，挫折和失败是难免的。暂时忍让是战胜挫折、走出困境的重要方法。忍，是一种貌似软弱、实则刚强的做人智慧。因为愤怒而被人利用的人是最愚蠢的人。同理，要想不被人操纵，你必须学会忍耐。

（三）忍让的技巧，是让别人先出底牌[①]

《朱子家训》曰："处世戒多言，言多必失。"生活中充满了各种各样的谈判，无论是商业谈判，还是工作面试，很多时候都陷入需要讨价还价的境况。有智慧的人绝对不会先把自己的底牌亮出来，而是故意放慢脚步，缓住性子，等摸清对方的底牌之后，再制定策略，给自己创造最大的利益和空间。

案例 4：

一个小男孩在家中草坪玩耍时看中了邻居的一只可爱的小狗。就去找邻居，想买下来。他问邻居："你这只狗很可爱，我非常喜欢，你能卖给我吗？要多少钱啊？"邻居看这小男孩这么喜欢，就决定将狗卖给他。邻居回答说："好啊！那我就25元卖给你吧！"于是，小男孩就跑回家向老爸要钱，老爸给了他25元，并对他说："你买的时候要跟他讲价啊！剩余的钱就归你了！"小男孩想了想，跑到邻居那儿，说："我现在带了25元钱，我想23元跟你买下。如果不行，那我就24元跟你买，再不行，我就出25元！"最后结果不必说，邻居以25元卖给了他。

很多人可能会嘲笑小孩的天真。但是，你有没有想过自己在与人交往的过程中，往往也是因为过早亮出了自己的底牌，而被别人占了先机呢？要想获得最大的利益，切不可着急亮出底牌。相反，你可以利用对方急于求成的心态，逼迫对方亮出底牌，然后再步步为营，突

[①] 叶舟.别让坏脾气害了你［M］.南昌：江西人民出版社，2017：109-110.

破对方的底线。

关键时刻，一定不要急于亮出自己的底牌，否则，只能让自己陷入被动状态。最重要的是稳住步子，缓住性子，即使内心非常焦急，也不能让对方看到你的急切。因为关键的时候，双方都会处于一种内心焦急的状态，这时候考验的是大家的耐性，谁能够不动声色坚持到最后，谁就占有了主动权。

可是在许多情况下，对方的底牌很难摸清楚，这时候就要分析、推断，把把对方的脉。如果对手实在想打持久战，那么冒点风险以退出恐吓对方，也值得一试。也许他比你更不愿意谈判破裂，若是如此，你即使表示退出，也仍然有重新谈判的余地。

需求常常是双向的，你有求于对方，对方也会有求于你。洞悉了这一点后，就应该利用对手这种弱势，在谈判中采取以退为进的方略，迫使对手就范，做出妥协和让步。赢的关键在于要让对方先亮出底牌，这样才能处于主动地位。

第7章 情绪的来源（五）

一、归因理论

（一）什么是归因理论

归因理论是说明和分析人们活动因果关系的理论，人们用它来解释、控制和预测相关的环境，以及随这种环境而出现的行为，因而也被称为"认知理论"，即通过改变人们的自我感觉、自我认识来改变和调整人的行为的理论。[①]

归因理论是在美国心理学家海德的社会认知理论和人际关系理论的基础上，经过美国斯坦福大学教授罗斯和澳大利亚心理学家安德鲁斯等人的推动而发展壮大起来的。[②]

（二）归因理论研究的基本问题

首先，研究人们心理活动发生的因果关系，包括内部原因与外部原因、直接原因和间接原因的分析。

[①] 刘永芳.归因理论及其应用［M］.济南：山东人民出版社，1998.

[②] 孙煜明，李梅.动机归因理论的基本原理与教育训练［J］.徐州师范学院学报，1993（4）：155–158.

其次，研究社会推论问题。根据人们的行为及其结果，对行为者稳定的心理特征和素质、个性差异做出合理的推论。

再次，研究行为的期望与预测。根据过去的典型行为及其结果，推断在某种条件下将会产生什么样的可能行为。

（三）归因理论的常见错误

1. 基本归因错误

基本归因错误指人们在评估他人的行为时，即使有充分的证据支持，仍总是倾向于低估外部因素的影响，而高估内部或个人因素的影响。

2. 自我服务偏见

自我服务偏见指个体倾向于把成功归因于内部因素（如能力或努力），而把失败归因于外部因素（如运气）。

3. 判断他人时常走的捷径[①]

（1）选择性知觉，指观察者依据自己的兴趣、背景、经验和态度进行的主动选择。

（2）晕轮效应，指根据个体的某一种特征（如智力、社会活动、外貌），从而形成总体印象。

（3）对比效应，指对一个人的评价并不是孤立进行的，它常常受到最近接触到的其他人的影响。

---

① ［美］斯蒂芬·P. 罗宾斯. 组织行为学［M］.15版. 北京：清华大学出版社，2017：120–121.

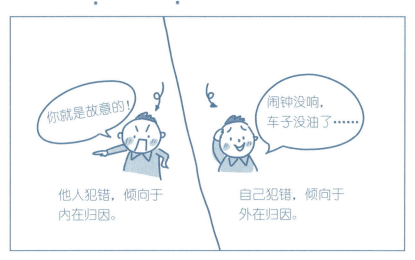

"宽以待己、严于律人"，这是现在很多人的状态。

（4）定型效应，指人们在头脑中把形成的对某些知觉对象的形象固定下来，并对以后有关该类对象的知觉产生强烈影响的效应。

（5）第一印象效应（首因效应），指人对人的知觉中留下的第一印象能够以同样的性质影响着人们再一次发生的知觉。

二、归因和情绪

人慢慢长大以后，会学习用语言来保护自己。刚开始孩子用哭来抗争，会讲话以后就开始找各种理由，很多人都是理由专家。比如有人把杯子打破了，他会说是因为杯子上有油、太滑了杯子才会被打破的，他一定会找一个理由来搪塞、欺骗自己。小孩为什么会找理由？多半是由妈妈造成的，因为妈妈总说："该死，又打破了。"小孩子会觉得自己只是打破玻璃杯，怎么会"该死"呢？妈妈昨天也打破一只，为什么她不"该死"呢？但他又不敢问，就开始压抑自己。等到长大的时候，他就开始叛逆了，不听话了。

有些人会利用理由编造一大堆的谎言，这都是后天教育造成的。小孩子打破玻璃杯，妈妈就要告诉他，打破了就打破了，妈妈也打破过杯子，你要小心地把碎片清理干净，不要被它扎伤了，那小孩子的心理就会很正常。

但在现实生活中，很多妈妈都会大惊小怪，好像小孩做了天大的坏事一样。小孩子开始有很多情绪负债，长大以后，不管发生什么事情，为了避免挨骂，他都会找各种各样的理由。长此以往，孩子养成了用知识来推卸责任，而很少用知识来解决问题。例如，为什么会有假药？为什么会有假烟？为什么有很多食品那么可怕……如果去问厂商，厂商肯定会找一大堆理由，说他们自己做不了，只好委托别人做，这是很正常的外包，而且当时提的条件都是合法的，只是"没想到"会搞成这样子；或者自己做的时候合格标准是这样的，等到产品出来的时候，合格标准又变成另外一个样子了；等等。

每个人的归因倾向是不同的，有的人将成功归因于自己的努力或自己的实力，这是肯定自己的表现；而有的人却将成功归因于外部因素，他们认为成功完全是自己运气好。同样地，个体对于情绪的归因也会因人而异，有的人会从自己身上找原因，有的人会从他人身上找原因。不同的归因倾向，会导致一个人情绪状态有很大的不同。

案例 1：

有一天晚上，妈妈和女儿在厨房洗碗，爸爸和儿子在沙发上看电视。就在这时，厨房里传出盘子打碎的声音。紧接着，家庭迅速进入一种沉寂的氛围。片刻，儿子就对爸爸说："爸爸，这个盘子肯定是妈妈打碎的。"爸爸疑惑地问"为什么？"儿子说："因为妈妈没有骂人。"

如果盘子是姐姐打碎的，妈妈会有什么反应？估计妈妈会指责女儿。事实上盘子是妈妈打碎的，妈妈就不吭声了，没有产生不良情绪。如果因为自己的错误导致事情变坏，我们一般不会产生情绪，对自己会非常宽容。而如果是因为别人导致的结果，那可就不好说了。这就是常说的宽以待己、严于律人。

像这种打碎盘子的行为可以直接分辨出是谁的错，但现实生活中很多情况下并不能在短时间里分出谁对谁错。在这种情况下，如果一个人经常将错误归因到别人身上，那这个人经常会处于抱怨、厌恶的情绪当中，是很痛苦的。

心理学上有一著名的"踢猫效应"①：一位父亲在公司受到了老板的批评，回到家就把沙发上跳来跳去的孩子臭骂了一顿。孩子心里窝火，狠狠地去踢身边打滚的猫。猫逃到街上正好一辆卡车开过来，司机赶紧避让，却把路边的孩子撞伤了。

一般而言，人的情绪会受到环境以及一些偶然因素的影响，当一个人的情绪变坏时，潜意识会驱使他选择下属或无法还击的弱者发泄。

---

① 黄国栋.浅谈"踢猫效应"的管控策略[J].广东科技，2012，21（15）：23，31.

受到上司或者强者情绪攻击的人又会去寻找自己的出气筒。这样就会形成一条清晰的愤怒传递链条,最终的承受者,即"猫",是最弱小的群体,也是受气最多的群体,也许会有多个渠道的怒气传递到它这里来。

在现实生活中,我们很容易发现,许多人在受到批评之后,不是冷静下来想想自己为什么会受批评,而是心里面很不舒服,总想找人发泄心中的怨气。其实这是一种没有接受批评、没有正确地认识自己错误的一种表现。受到批评,心情不好这可以理解。但批评之后产生了"踢猫效应",这不仅于事无补,反而容易激发更大的矛盾。

有些人整天抱怨孩子不乖,老公不对……事实上,这可能和他们一点关系都没有,而是你在工作中,可能因为工作不顺利或上司对你斥责,你只想找个发泄情绪的对象而已。此时,你发泄的对象就是那只可怜的猫。

踢猫效应(一)

王总睡过头

着急上班,一不小心闯红灯,被交警抓住

踢猫效应（四）

踢猫效应（五）

案例 2：

有一位妈妈，为了照顾儿子学习和生活，就把工作辞掉了。有一次周末，妈妈收到好友的邀请参加朋友聚会，恰巧爸爸休息在家。于是妈妈告诉爸爸聚会的事情，爸爸很愉快地答应了，并且向妈妈保证会好好辅导孩子的作业。妈妈走后不久，孩子就遇到了作业上的难题，于是请教爸爸。爸爸很耐心地辅导了孩子，并且他认为自己辅导的水平非常高，孩子一定能听得明白。

可是没过几分钟，孩子告诉爸爸说刚才的那道题没听明白。爸爸先是惊讶了一下，很快就调整好状态，又耐心地给孩子讲了一遍解题思路。辅导过后，爸爸心想，这次一定没问题了。可过了没多久，孩子再次来说，题目还是做不出来。这次爸爸就没那么淡定了，尽管爸爸再次辅导了孩子，但开始出现指责孩子的话语，对孩子说话的声音也提高了很多。面对爸爸的反应，孩子很害怕，题目也没听明白，但是又不敢说。最终，爸爸的情绪在孩子第四次来询问时爆发了，这次爸爸没有辅导孩子，而是一直在责骂孩子笨，孩子听后很委屈地哭了。

当妈妈回到家后，儿子告诉妈妈爸爸骂了自己。这个时候妈妈就过来和爸爸理论："教孩子的时候要耐心，骂孩子没用，你怎么这么冲动呢？"爸爸听完这些话后更加生气了："你看你都把孩子教成什么样了？他一点脑子都不动，讲了好几遍都不懂。这就是你天天在家教育孩子的结果？"妈妈听到这番话后也爆发了："你好意思说？你教过孩子多少？今天孩子就问你一道题，你就忍不住，我天天辅导孩子作业，你考虑过我的感受吗？我容易吗？"……就

这样，夫妻俩的争论越来越激烈。

这样的情景在中国家庭中应该很常见。我们来分析一下：上述情景中，爸爸将题目不会做的原因推给了孩子，但他没有考虑到可能是自己辅导的方法不对。妈妈回家后发现孩子情绪状态不对，得知缘由后，妈妈又将责任推给了爸爸。而在争论过程中，爸爸又将责任推给妈妈，就这样来回踢皮球，最终导致家里的情绪乌烟瘴气。

除了辅导孩子作业外，还有很多事情需要我们去反思。当孩子考试成绩不理想时，孩子给你的理由可能会是："老师出的题目太难了。""这些题老师都没讲过。""考试时状态不好。""我在答题时有些马虎了。"……孩子如果出现这些情况，家长就要注意了，孩子可能学会了从别人身上找原因，而不从自身反省。孩子为什么会这样做呢？很有可能是因为家长的不良示范。家长有没有对孩子说过："孩子，为什么别人能考好，你就不行呢？考不好是因为你不认真、不够努力。"家长这样的做法是在把责任推给孩子，而问题并没有得到根本解决。

三、人为什么会有错误的归因

（1）人类有一个共同点，一般情况下人不喜欢承担责任，因为承担责任是痛苦的，所以就会把责任推卸给别人，推卸责任很容易，只要生气就行。人只要生气就可以证明自己是无辜的。因此，在推卸责任的同时，也陷入不良情绪当中。

（2）大多数人都有一个习惯，就是喜欢找别人的缺点。看人缺点是收赃，看人优点是聚灵。如今社会，收赃的人很多，聚灵的人很少。如果在一张干净的白纸上用笔画上一个小黑点，人们通常只会关注到这个小黑点；如果白纸上有五道题目，其中一道题目是错的，其他四道都是对的，那人们只会关注到这个错题。这就是因为人们会习惯性地看人缺点，不看人优点。

（3）越来越多的人有傲慢的心态。人一旦傲慢起来，他就不容易发现自己的问题，他总会觉得问题出在别人身上。这也是导致错误归因的主要原因。

错误归因（三）

第 7 章 情绪的来源（五）

121

四、出现错误归因后应该如何纠正

（一）主动承担责任

当一件事情向不好的方向发展时，要主动承担责任：因为自己的原因才导致这样的结果。能够做到这一点的，就像前面介绍的洗盘子的故事一样，把责任归因到自己身上，就很容易原谅自己，产生的不良情绪自然而然就少很多。平日里父母是不是经常认为孩子学习不好，是因为孩子懒惰，孩子不够努力？如果你有这样的想法，那现在请你改变一下，找找自身有没有原因。一个孩子愿不愿意承担责任，看他父母就能知道。

曾经有位家长诉苦，说自己的孩子不听话，不学习，打也不行，骂也不行，不知道怎么办才好。可试着自问：汽车零件生产商在对产品进行检验时发现有一批产品不合格，如果你是老板，你会批评这个不合格的零件，还是批评生产零件的工人？一般人肯定批评生产零件的工人。在一定程度上，你的孩子就是父母生产的零件，现在零件出了问题，应该批评生产零件的人。

（二）主动学习，提高能力

过去祖父辈或父辈学习或掌握一项技能，可能会一辈子以此为生。但如今，社会飞速进步，你学习的东西可能最多支撑你三年。甚至对一个刚毕业的大学生而言，可能在他踏上工作岗位时，他发现在学校学的知识已经不能满足工作的需要了。这是因为社会进步速度太快了。

过去，人生可化为三个阶段：第一个阶段叫学习阶段。学习阶段

是指个体从踏进校园开始,至校园学习结束止,称为学习阶段。第二阶段叫工作阶段。工作阶段始于开始踏入工作岗位,至法定退休年龄。第三个阶段叫退休阶段。

如今,人生不再简单地分为三个阶段,而应该分为多个阶段:学习—工作—学习—工作,甚至还包括创业,等等。

昔日的胶卷大王柯达,如今被各种数码相机淘汰;昔日通信用的"大哥大",如今被各种智能手机取代,说不定现在用的手机在几年后会被新的通信工具取代。在中国,企业的平均寿命只有2.6年,这意味着什么?意味着每天都有公司倒闭,每天都有人失业。如果企业不学习,不创新,就只能坐以待毙;而如果员工不学习,很快就会被新人取代。不要责怪孩子目前学习不好,也许他在下一段学习中就非常优秀了。现在,对于家长来说,最重要的是让孩子有意愿去学习,有能力去学习,培养孩子终身学习的意识。

(三)放下傲慢,接纳自己的不足

前面说到,当一个人非常傲慢时,他是没有精力和视角去发现自己的不足的,因为他满脑子都想着自己的优秀和别人的不足。如何放下傲慢?可以尝试一个方法,每次遇到事情时要说:"我错了。"

案例 3:

很久以前,有一只小松鼠住在一片森林里,森林里有一面镜子。这可不是一面普通的镜子,而是一面神奇的哈哈镜。不论谁照,都会变得仪表非凡,而且可以放大许多倍。这只小松鼠经常在这面奇特的

镜子面前自我欣赏，它总觉得自己很了不起、举世无双、形象高大、力大无穷。它从来不把同类放在眼里，不愿和其他松鼠玩耍，甚至不愿开口与它们说话。

镜子总是不离小松鼠的手，小松鼠始终坐在某个角落里，装腔作势、搔首弄姿，或者理着小胡子，或者用爪子在地上拍打几下，然后再把耳朵贴到地面上听一听地球是不是在颤动。

傲慢、自负的小松鼠自以为是世界上最强大的动物，比它更强大的动物根本不存在。这是一只多么傲慢的小松鼠啊！

小松鼠有一个饱经世故的姑妈，有一天姑妈告诫它说："好侄子，你可要注意，现在大家都说你过于骄傲，自以为在兽类中无人能及。当心点，大象是不喜欢你说大话的。""大象？它算个什么东西！让它马上过来，我要让它粉身碎骨！"

姑妈经历多、见识广，它觉得小松鼠的话很可笑。它说："大象是一种庞大的动物。兽类中还没有谁不怕它呢！"

小松鼠很不服气，大声叫嚷道："大象比我还强大？这简直是开玩笑！"说完，它决定去寻找大象，想与大象比个高低、较量一番。

在一块林间空地上，它遇见了一条绿色的蜥蜴。

"你是大象吗？"小松鼠问。

"我不是大象，我是蜥蜴。你找大象干什么？"

"那算你走运，如果你是大象，我非将你碎尸万段不可。"

看着狂妄自大的小松鼠，蜥蜴禁不住哈哈大笑起来。小松鼠被惹恼了。为了表示自己力大无穷，它把小爪子往地上顿了顿……说也凑

巧，这个时候正赶上打了一个响雷，蜥蜴吓了一跳，慌忙溜到石缝里藏了起来。它以为这声巨响是小松鼠发出来的，真是力大无穷啊！

小松鼠更加得意，大摇大摆地走开了。它往前走了不远，又遇到了一只甲虫。

"喂，你难道是大象？"小松鼠问。

一提起大象，胆怯的甲虫连忙摇头否认说："不，不！我可不是大象，我是甲虫。"

"那算你福星高照，不然的话，你非被我踩成烂泥不可。"

甲虫听见小松鼠自吹自擂，只是冷笑了一声。这时候，松鼠又高高地举起爪子，使劲往地上一拍，但是雷鸣般的声响没有发生。它又使劲地顿了顿足，仍然连一点轻微的响声也没有听到。小松鼠想：也许潮湿的土地是发不出声音来的。

小松鼠又跑向别的地方。刚走不远，小松鼠发现树下有个怪模怪样的家伙，一副愁眉苦脸的样子，伏在地上一动不动。它想："这可能就是大象，它看见了我，知道自己马上就要倒霉了，所以才愁眉不展。"

小松鼠问："你是不是大象？"

那个动物笑着回答说："我不是大象，我是世界主宰者的忠实朋友——狗。"

"世界的主宰是谁？"

"当然是人。"

"原来如此。算你幸运，如果你是大象，免不了要遭殃。只是我要你记住，世界的唯一主宰者是我，而不是人！你最好收回自己刚才讲过的话。"狗想嘲弄一下这位吹牛大王，于是说道："你说得对，连人种的粮食也要被你糟蹋。"狗说完便走开了。

小松鼠继续往前走，来到了密林深处。它看到了一个动物像小山一样高大，腿像树干一样粗，前后好像都长了尾巴一样，只不过前长后短。

"你是大象吗？"倾尽全力的小松鼠高声喝问。

大象往四面张望了一下，没看到说话的动物。当小松鼠跳到一块大石头上的时候，大象终于发现了它。

"是的，我是大象。"

"你胆敢嘲笑我，无视我的存在！还吓了我一跳！"小松鼠用小爪子拍打着石头，大声尖叫着。但是这一次仍然没有发出雷鸣般的巨响。小松鼠的愤怒并没有惹到大象，大象对此无动于衷。它不慌不忙地吸满了一鼻子水，把水喷向狂妄的小松鼠。小松鼠被一股巨大的水从石头上冲下来，小家伙灌了一肚子水，快要被呛死了。

小松鼠终于醒悟过来了，竭尽全力才爬出水洼。它完全没有料到自己和大象的决斗竟会这样收场。它一瘸一拐地回到家。从此，它知道了世上还有比自己更强大的动物，再也不孤芳自赏了。①

---

① 邓峰.情绪掌控术［M］.汕头：汕头大学出版社，2014：68-70.

自负、傲慢的小松鼠看到哈哈镜里的自己，就以为自己真的像镜子里一样高大强壮，是典型的自欺欺人。生活中不乏这样自欺欺人的人。别人对自己夸赞多了，也容易让自己昏头，认为自己比别人优秀很多，实则外强中干。

《菜根谭》中有句话说："欹器以满覆。"① 就是告诫人不可太自满，所谓"满招损，谦受益"，说的也是这个道理。《易经》亦云："人道恶盈而好谦。"你可以有豪气，但不能有傲气。

一个人如果不谦虚，就会走向自满，从而不愿面对挑战。没有谦逊，我们就不会睁大眼睛满怀好奇地探索新的领域。如果我们不保持谦逊的态度，我们就无法找出解决问题的方法。可以这样说，一个人如果不懂谦逊，就不会进步。只有我们认识到这一点并且愈加谦逊，我们才能搬开"自我"设置在前进道路上的绊脚石。

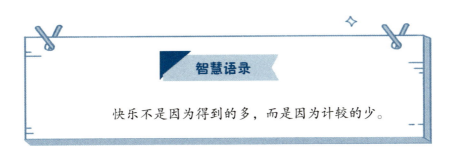

智慧语录

快乐不是因为得到的多，而是因为计较的少。

---

① 刘建明. 由"欹器满覆"所想到的 [J]. 中华魂，2011（6）：42–43.

拓展阅读

我要负责任

有一个商人，接到美国芝加哥一个食品公司 3 万个刀叉餐具的订单，双方协定的交货日期是 9 月 1 日。这个商人必须在 8 月 3 日从本港运出货物，才能在 9 月 1 日如期交货。但是，由于发生一些意外，这个商人没能在 8 月 3 日前赶制出 3 万个刀叉餐具。这位商人陷入了困境，但他丝毫没有想到要给对方写封情真意切的信，要求延期交货并表示歉意，因为这本身就是违背契约，不符合商法，并且也是逃避责任的做法。后来，这位商人竟花巨资租用飞机送货，3 万个刀叉如期交货，这位商人也因此损失了 1 万美元。①

在这位商人眼中，人是永远无法逃避责任的。但是责任感不是天生的，孩子的"先天"不足，不应该责怪孩子，它应归咎于我们的家庭教育。许多父母对孩子在生活上呵护倍加，而对责任感的教育却严重不足。他们认为孩子还小，长大会慢慢意识到的。有一位年轻的母亲为儿子自私、不合群而发愁，她去请教生物学家达尔文。达尔文问："你的孩子多大啦？"她回答说："快 4 岁了！"达尔文马上严肃地说："对不起，你对孩子的教育已经晚了快 4 年了！"这则故事告诉我们，对孩子责任感的教育应从小抓起。

不逃避责任，自己的责任自己负，这是为人处世的一个原则。也

---

① 赵金周，张小冰，陈雅玲. 敢于担当做人，勇于负责做事 [M]. 北京：企业管理出版社，2016.

正是因为他们这样做了,这样的人才在世界赢得了良好的声誉。孩子是一张纯净的白纸,他一来到世界,就观察大人的一言一行、一举一动。家长们应严格要求自己,做有责任感的好家长、好公民,并时刻以身作则。

要求孩子办到的事,自己首先要做到,为孩子树立一个好的榜样。从平时抓起,从点滴做起,让孩子们时时处处去体验。让他们学会去关心他人、热心公益、热爱集体、尊敬师长,使这些行为成为孩子们日常生活的一种习惯。父母应该让孩子学会为自己的行为负责,以培养他们的责任感。要让孩子懂得,如果是自己做错了事,自己就该负责任,从而引以为戒,今后不犯或少犯类似错误。

第8章
情绪的来源（六）

本章节继续介绍情绪的两个来源，即生理因素和饮食习惯。

一、生理因素

（一）身体疲劳

生理因素包括多种，疲劳、生病、特殊时期、气质类型等都可引发情绪。

身体疲劳会引发情绪问题。相信很多父母都有这样的体会，在公司工作一天很疲惫，下班回到家后想休息一会儿，这时小孩子跑过来让你带他玩耍，一开始你可能还有耐心和他解释。没过多久，孩子又来找你，这时你可能就变得不耐烦，情绪状态发生了变化。这是因为在疲劳状态下身体机能水平较为低下，人们很容易产生易怒、焦虑等负面情绪。因身体疲劳产生情绪很难避免，但如果没有处理好这些情绪，可能就会导致不良后果。

所以，在身体疲惫状态下，要学会向孩子表达身体感受，而不是向孩子表达情绪。若在身体疲惫状态时向孩子表达负面情绪，孩子以后也会用同样的方式向你表达负面情绪。尤其是当代中学生，面临巨大的学业压力，如果家长一味地关心孩子作业和成绩，而不去关心孩子的内心感受，孩子就会积压不良情绪。

除了家长和孩子之间会出现上述这种情况外，夫妻之间也常出现这种情绪问题。例如，丈夫白天拼命地跑业务、陪客户，晚上拖着疲惫的身体回到家。这个时候老婆过来问这问那说个不停，老公很疲惫，不想说话，老婆就很生气地问为什么不理她。这个时候，男人可能已经在压抑自己的情绪了，如果这位老婆继续喋喋不休，老公的情绪随时会被点燃。所以，当一个人身体状态不是很好时，千万别逼着他说话。

（二）患有疾病

人在生病时容易产生情绪问题。当人处在病痛中时，非常容易产生暴躁、易怒、多疑、恐惧等情绪。很多身患绝症的人是被自己吓死的。

比如，某人生病了，生病期间一直由家人无微不至地照顾着。但患者经常责怪家人这里做得不好，那里没有考虑到位。家人很委屈，因为无论家人做得多好，都会被患者责骂。患者向家人发脾气，并不是针对家人，而是他身体不舒服，容易急躁，对疾病恐惧、敏感，别人任何一个细微的举动都可能让他生气，其实每次发完脾气，患者也会内疚、自责，这反而不利于患者身体的恢复。所以，家人要理解患者的情绪状态，要帮助患者乐观面对疾病，最终战胜病魔，中国有句古话，"久病床前无孝子"，有一部分原因就是受不了病人的情绪。

《黄帝内经》上讲：百病由气生。由此可见，情绪问题会导致身体的病变，如怒气伤肝。古人很早就明白这个道理，所以大夫在给病人针灸、抓药时也会开导病人。当今许多著名医生不光治疗病人的身体，同时还积极开导病人的心理。

曾看到一则报道：一位医生每次在给病人做手术之前，他都会收下病人家属给的红包，等到病人康复出院的时候，他再把红包全额退还给病人。后来有记者采访这位医生为什么这么做？医生回答道，如果他不收这个红包，病人可能就会紧张，甚至会觉得医生对病人没有尽心，不负责任。这样病人可能就会产生心理情绪，不利于治疗。在收下红包之后，病人会安心，他会认为医生将全力以赴地给自己治病，也会全力配合医生的治疗。等到病人康复之后，再将红包退还给病人。这位医生的做法很值得人尊敬。

有个医生很了不起，他懂得照顾病人的情绪

在现实生活中，不乏通过安抚病人情绪就将病人治愈的案例。北京有位老中医，每当有病人前来求诊时，他不会急着给病人把脉，而是先和病人聊天。在聊天结束之后，如果老中医觉得你的情绪状态很好，相信老中医所言，这时老中医才会开始把脉，然后开药，并且老中医给病人开的药往往都很便宜。这位老先生做了一件很有意义的事，先把病人的情绪安抚下来，不让患者再因病情产生其他恐惧、紧张、焦虑的情绪，让病人避免因这些负面情绪加重病情。

（三）特殊时期

人们身体处在特殊时期也会产生情绪问题。

第一个特殊时期为青春期。在青春期，孩子的情绪极其不稳定，非常叛逆，说翻脸就翻脸，这是孩子成长过程中的必经阶段。家长无须过度理解为何青春期的孩子这么叛逆，重要的是要学会如何对待青春期的孩子。

第二个特殊时期是更年期。在更年期，女性的情绪和青春期的孩子很像，暴躁、易怒、焦虑等词通常被用来形容更年期的女性。很多男性不理解这个时期女性的情绪状态，甚至会觉得自己的老婆不讲道理，从而和老婆争论。殊不知，越是争论，老婆的情绪越是失控。若一个家庭中，妈妈的更年期撞上孩子的青春期，如果处理不当，火药桶随时会被引爆。

当更年期遭遇青春期

第三个特殊时期是女性的生理期。一般来说，女人的情绪周期在行经前的一个星期左右及行经期间，这一期间会出现种种与经期有关的症状，如腹胀、便秘、肌肉关节痛、容易疲倦、长粉刺暗疮、胸部胀痛、头痛、体重增加等种种身体不适；有些人还会食欲增加、沮丧、神经质及容易发脾气等。这是由于女性体内的荷尔蒙变化所导致的，雌激素、肾上腺素等荷尔蒙出现了变化，马上会引起生理上的变化。心理情绪随着生理变化也会呈现一系列表征。情绪周期不可避免，但我们可以通过记录，在周期到来之际控制自己忧郁、焦躁不安、想发脾气的情绪，来避免不良情绪对身心的影响。

如果女孩子正处在生理期，家长或老师没有关注孩子的情绪，反而只关注孩子的学习，这时孩子的情绪可能会被进一步激化。家长需要对孩子进行适当的引导，因为有的孩子在生理期之初，并不了解这一生理现象，难免产生恐惧的心理。

另外，男生也有生理周期。人的生长、发育、体力、智能、心跳、呼吸、消化、泌尿、睡眠乃至人的情绪全部受体内生物节律的控制。① 男人的情绪周期也呈一种正常的生物节律变化，受男性机体激素水平变化的影响。只不过，有的男人情绪周期表现得明显，有的男人情绪周期表现得不明显。男人的情绪周期受工作和工作环境的影响很大。轻松的工作和有规律的生活会使其情绪放松，男人则表现得积极乐观；长时间的紧张工作和不规律的生活容易导致男人情绪周期失调，心情烦闷、急躁，情绪处于压抑的状态。

---

① 张兆才.人的体能、情绪、智力周期与体育运动成绩的关系[J].上海体育学院学报，2003（6）：14-16.

科学研究表明，情绪节律周期影响着男人们的创造力和对事物的敏感性、理解力以及情感、精神、心理方面的一些机能。在"情绪高潮"期，男人往往表现得精神焕发、谈笑风生；在"情绪低潮"期，他们又变得情绪低落、心情烦闷、脾气暴躁。

男人的情绪周期体现在情感表现上，可以用"橡皮筋"来形容：亲密—疏远—亲密。例如，夫妻间的关系，通常在最初的时候，丈夫对妻子完全信任，充满爱意，两人天天待在一起。不久之后，丈夫会心不在焉，开始疏远妻子，乃至不愿与妻子说话。经过一段时间的独处和反省之后，丈夫会再次情意绵绵。理解男性的情绪周期的表现，夫妻间的相处会更加融洽。

（四）气质类型

先天气质类型也会产生情绪问题。哲学家将人的气质类型划分为四种，分别是多血质、胆汁质、黏液质和抑郁质。以孩子为例，多血质的孩子，表现为活泼、敏感、好动、反应迅速、喜欢与人交往、注意力容易转移、兴趣容易变换，多血质的人较适合做外交官、演员等；胆汁质的孩子，表现为直率、热情、精力旺盛、容易冲动、心境变换剧烈，胆汁质的人较适合担任领导职务；黏液质的孩子，表现为安静、稳重、反应缓慢、沉默寡言、情绪不易外露、注意稳定且难转移、善于忍耐，黏液质的人较适合从事医务、图书管理、情报翻译、教员等工作；抑郁质的孩子，表现为孤僻、行动迟缓、体验深刻、多愁善感、善于觉察别人不易觉察到的细小事物，很多科学家或研究者都属于抑郁质的气质类型。

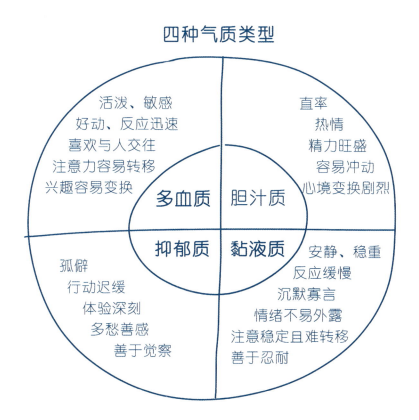

现实生活中,很多家长对孩子的行为表现感到困惑,为什么这么调皮?为什么做事这么冲动?就是因为家长不了解这些气质类型,他们不清楚胆汁质的孩子天生易冲动。在这种情况下,家长很有可能用错误的方法来对待孩子,从而导致亲子关系不睦。四种不同的气质类型并没有好坏之分,每一种气质类型都有各自的优点和缺点。一般地,孩子也不会是单一的气质类型,可能会是多种气质类型的组合,只不过一种气质类型占主导地位。

需要强调的是,家长需要学习气质类型,了解不同气质类型的孩子有不同性格,如果孩子属于黏液质的气质类型,不要逼迫孩子做

很外向的事；而如果孩子属于多血质的气质类型，不要过度打压孩子的好奇心，要学会保护这类孩子的积极性。

二、饮食习惯

饮食习惯也会对情绪产生影响。

第一，在饮食结构中，如果肉类食物偏多，人就容易产生暴躁的情绪，因为肉类食物含有的能量高，如果多余的能量不能被有效利用，人就容易通过情绪表达。从另外一个角度分析，肉类食物都是从动物身上获得的，尽管动物和人不同，但当这些动物被屠杀时，它们会产

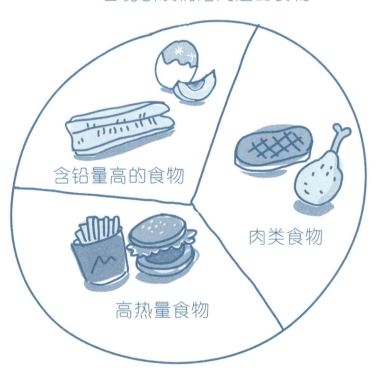

容易引发情绪问题的食物

含铅量高的食物

肉类食物

高热量食物

生应激反应，体内会分泌一些有害物质，尤其像鸡、鸭、鹅、猪等这些家畜反应更为明显。它们产生的有害物质进入人体，进而会影响人的情绪。这些有害物质并不会对人体造成立竿见影的影响，日积月累后就会表现出来。

第二，在饮食结构中，如果含铅量高的食物占比较高，人也容易产生情绪问题。

第三，如果一个人的饮食结构中富含高能量食物，如膨化食品、油炸食品、高油脂食物、高糖食物，也会使人获得很多生命能量，同肉类食品一样，在获得很多生命能量之后，人如果没有正确的表达渠道，很容易产生情绪问题。

人有不良情绪不可怕，不良情绪是身体发出的一种警信号，它起着警醒的作用。每当产生不良情绪时，要冷静下来，仔细想一想产生不良情绪的原因，努力寻找解决不良情绪的方法，管理好情绪。

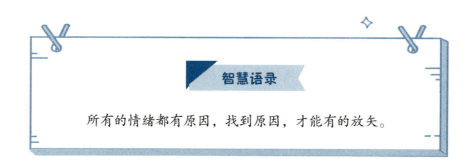

智慧语录

所有的情绪都有原因，找到原因，才能有的放矢。

拓展阅读

（一）情绪是一个警示信号

情绪有好有坏，坏的情绪让人印象深刻，好的情绪却往往容易被人忽略。虽然情绪作为一种本能的反应，但是我们应当意识到情绪对自身的警醒作用和管理情绪的重要性。

1. 情绪提醒我们自身观念出现问题

人和人之间情绪的不同，主要源于彼此观念的不同。如果我们的观念出现了问题，那么情绪也会随之出现问题。例如，有些人私心很重，一旦别人侵犯到他们的利益，他们就会立刻产生愤怒情绪；还有一些人对自我认识不足，他们容易产生自满情绪或自卑情绪。所以想要拥有良好而且适度的情绪，必须调整自己的观念，使它达到一个正常的标准。

2. 情绪提醒我们心理出现问题

一些不良情绪向我们反映了自身心理可能出现了偏差，甚至出现了心理问题。例如，郁闷情绪就容易和抑郁挂上钩，如果只是短时间的郁闷，那只是一个正常的情绪反应；但如果一个人长期处于郁闷情绪中难以自拔，或许就是抑郁心理在作祟了。我们需要区分哪些情绪是短暂的、符合正常值的，哪些情绪是长期的、超出正常值的，这样我们才能及早排除自己心理存在的问题，让情绪及早回归理性。

3. 情绪提醒我们行为习惯出现问题

情绪作为一种反应，还向我们昭示了一些关于自身行为习惯的问题。当你饿的时候，摆在你面前的是满桌的美味佳肴，在饥饿感的驱使下很多人会迫不及待地想动筷子，这是饥饿情绪的本能反应，然而，肚子饿只是一个信号，你应当在动筷子之前，考虑一下是否需要等待别人来了之后一起就餐，否则很不礼貌。这就是所说的情绪警示，它使人在处事时三思而后行，有助于个人在为人处世中得以方圆。倘若吃饭的时候一味地从自己的本能情绪出发，自己的情绪虽然受到了照顾，却容易引起其他人的反感，任由情绪的发展，不是一件好事。

我们需要将情绪自然反映出来，但也不能忽视情绪产生的不良后果，应当具体问题具体分析。这正如过马路的黄灯区，行人都会停下来考虑自己下一步该干什么，情绪的表现也需要一个思考的过程，不能任由情绪自由发展。现在很多人没有将情绪作为警示灯来认真分析对待，喜怒哀乐直接显示在脸上，这样不利于人与人之间的相处。

4. 情绪提醒我们身体出现问题

我们都知道，身患疾病的人在情绪方面表现很强烈，他们经常情绪不稳定，起伏大，易烦躁激动，爱发脾气。情绪激动时，表现出极大的焦躁不安，有时难以控制自己。对外界因素反应敏感，对身体的细微变化和各种刺激往往表现出过度的情绪反应。一点微小的事情，也会成为引起强烈情绪的导火索。别人的一句不合意的话，也会使其感到受了极大的委屈。甚至别人说话声音太大，也会令其烦恼。

从这一点就可以看出，某些情绪的集中爆发可能就是我们身体出现

问题的信号，不能不加以重视。找不到情绪源的负面情绪可能就是由身体疾病引发的，如莫名其妙的烦躁不安、毫无理由的生气和低落消沉的情绪可能都是某种疾病潜伏在你身体里的征兆，我们要多加注意。

当代社会高速发展，人们的压力越来越大，对情绪的管理便显得非常重要。在稳定的情绪下，一切都很容易顺利展开；但情绪不好的时候，行事则十分困难。因此，我们要管理好自己的情绪，适当地调整自己的情绪，然后才能一心一意地去做事，所做的事情才能更见成效。

（二）情绪同样有规律可循

人的情绪如同眼睛一样，也有自己看不到的"盲点"，通过了解自己的情绪盲点，从而把握自身的情绪活动规律，可以最有效地调控自己的情绪。情绪盲点的产生主要有以下三个方面的原因：

（1）不了解自己的情绪活动规律；

（2）不懂得控制自己的情绪变化；

（3）不善于体谅别人的情绪变化。

其中，能否把握自身的情绪规律是情绪盲点能否出现的根源。认识到情绪盲点产生的原因，我们便需要从原因入手，从根源上把握自身的情绪规律。这就需要从以下几个方面加强锻炼，以培养自己与之相应的能力。

1. 了解自己的情绪活动规律，培养预测情绪的敏锐能力

科学研究证明，人都是有情绪周期的，每个人的情绪周期不尽相

同，大概为 28 天，在这期间内，人的情绪成正弦曲线的模式，情绪由高到低，再由低到高，在人的一生之中循环往复，永不间断。计算自己的情绪节律分为两步：先计算出自己的出生日到计算日的总天数（遇到闰年多加 1 天），再计算出计算日的情绪节律值。

用自己出生日到计算日的总天数除以情绪周期 28，得出的余数就是你计算日的情绪值，余数是 0、14 和 28，说明情绪正处于高潮和低潮的临界期；余数在 0~14 之间，情绪处于高潮期，余数是 7 时，情绪处于最高点；余数在 15~28 之间，情绪处于低潮期，余数是 21 时，情绪处于最低点。

由此可以看出，情绪有高低起伏，我们不要认为自己会永远处在情绪高潮期，也不要觉得自己会一直处于情绪低潮期。在情绪好的时候提醒自己注意下一阶段的低落，在情绪低落时告诉自己会慢慢好起来。我们所吃的东西、健康水平和精力状况，以及一天中的不同时段、一年中的不同季节都会影响我们的情绪，许多人虽然重视了外在的变化对自身情绪的影响，却忽视了自身的"生物节奏"，其实，通过尊重自己的情绪周期规律来安排自己的学习和生活，是很有必要的。

2. 学会控制自己的情绪变化，坦然接受自身情绪状况并加以改进

要想控制自己的情绪变化，首先要对自己之前的情绪经历做一个简单梳理，从之前的经验来寻找自身情绪的活动规律。同样的错误不能犯第二次，这正是掌握情绪活动规律后得到的经验。一个有敏锐感知能力的人能够在自己一次的情绪失控中回顾、反思、总结、评估事情的前因后果，并最终达到提升自己情绪调控能力的目的，毕竟，情

绪的偶尔失控和爆发是一种正常的现象，但倘若情绪失控成为常态，则不是一件好事。

要想控制自己的情绪变化，还需要对自己的情绪弱点做一个分析、总结，去认识自己的情绪易爆点在哪里，情绪失控的事情可能会是什么，事先考虑好如果再次遇到同种情形的应对方式。事先做好准备，及时采取应对措施，防止情绪失控而追悔莫及。

3. 学会理解他人情绪和行为，同时反省自己

人际交往中，理解的力量是伟大的，但在通常情况下，虽然人们希望得到别人的理解，希望别人能够理解自己的情绪和行为，却往往忽视了理解别人。这就是为什么人的情绪出现盲点的外在原因。

理解他人的需求、情绪和感受等有助于增添交流的共同话题和认同感，有助于彼此之间形成和谐健康的人际关系。并且，通过对别人情绪的反观来看自己的情绪变化和体验，可以清晰地了解自己，从而把握自身的情绪节律，促进自身情绪状况的改进。

第 9 章
如何处理情绪
—— 从表象的层面解决

通过前面几章的学习,我们知道情绪的来源是多方面的。情绪人皆有之,不是让你不要有情绪,而是让你学会调节、掌控自己的情绪。无论是在工作中还是在生活中,愉快、欢喜、伤心、愤怒都会陪伴在我们左右,很多人已经习惯了它们的存在,但却不能控制它们,甚至经常受到它们的控制。掌握并利用好情绪,是人生幸福的有力保障。

翻翻报纸的社会新闻版,我们会看到类似的故事:被解雇的职员闯进办公室,持刀刺伤自己的上司;看上去唯唯诺诺的丈夫,杀害自己的妻子之后自杀身亡;品学兼优的留学生,持枪袭击同胞,震惊校园……他们的亲朋好友总会在事后感叹:"他看起来是个很不错的人,真不敢相信会做出这样的事来。"他们没有看到,那些积压在人心里的愤怒,是如何在长期压抑中逐渐膨胀,最终变得不可收拾的。

内心压抑的愤怒始于否认、沉默和回避,积压久了会让人从心里面垮掉。在冲突之后我们经常听到这样的话:"我没有生气,只是挺失望的。"心理学家告诉我们,说这话的人,确确实实生气了,只是他不愿意承认而已。但是否认并不能让怒气消失，他们更愿意躲开惹自己生气的那个人和那种场景，刻意保持距离。这种被压抑、郁积的愤怒通常会以一种被称为"消极攻击"的行为表现出来，比如，对别人的要求不理不睬；你让他干什么，他偏不；你指东，他偏要打西。

愤怒是为了让人们能积极地去面对那个伤害了自己的人或事，如果人们没有这么做，愤怒就会累积。心理学家称："如果多年来我们一再遭遇委屈，我们情感的承受力就会耗尽。"这时就会出现两种情况：其一，我们会把多年来积压在心里的愤怒发泄在身边的人身上；其二，变得抑郁，感情会渐渐枯萎，失去了对生命的热情，变得对什么都不感兴趣。第一种情况会产生破坏性的行为，第二种情况就是绝望。①

生活中，愤怒无处不在：夫妻间吵架拌嘴，员工对老板的抱怨指责，孩子顶撞父母或者父母责骂孩子。甚至下班路上的拥堵，也能让我们坐在车里，一边狂按喇叭，一边破口大骂。从小到大，我们被一再告知发怒是不好的，那些直接或者间接的生活经验也让我们知道，发怒的"破坏力"有多大，失去朋友、得罪亲人或者丢掉饭碗。可问题是，当我们"怒从心头起"的时候，如果没有适当的渠道发泄的话，我们就会走向另一个极端：绝望。因此，有了怒气的时候，不要憋在心里，而应当想办法加以疏导。

当悲伤和痛苦的时候，我们总希望有人同我们一起分忧，如果没

---

① 中青在线.小心那些被压抑的情怒［N/OL］.中国青年报，2009-03-09［2020-1-5］.
http://news.cctv.com/society/20090309/101918.shtml.

有合适的人选，我们就要学会自我宣泄、自我释放。宣泄可以减少我们的心理压力，保证心理健康，同时也是成功控制情绪的表现，因为我们的心灵需要用宣泄来释放，保持心理的清洁。

案例1：

小王是个经常与他人发生口角的人，即使被朋友劝阻，也仍气愤难平，这种糟糕的坏情绪总是延续到第二天，直至迁怒于家人。久而久之，大家都不太喜欢和小王有过多的接触，小王也没有真正的朋友。

后来，大家发现小王变了，脾气不似以前那般暴躁，与人吵架之后也不再气愤难平了，而且很快就能恢复平静。当人们百思不得其解时，小王说："我能变得平静，全依靠郭沫若的剧本《屈原》里的《雷电颂》这些台词。"

"雷！你那轰隆隆的声音，是你滚滚车轮的声音！你把我载着拖到洞庭湖的边上去，拖到长江的边上去，拖到东海的边上去呀！我可以听见滚滚波涛的声音，我要听那咆哮，我要到那如世外桃源的小岛上去呀！我要和着你的声音，和着那茫茫的大海，一同跳进那没有边际的没有限制的自由里去！"

原来，现在小王一生气就会朗诵诗句，顿时感觉心里的不满全被发泄出来了，情绪自然比以前好多了。①

现代生活中，人们需要面对来自社会各个方面的压力，不论是来自家庭、工作，还是来自感情、人际关系，如果我们处理不当，就会形成沉重的心理负担，若心理负担仍然得不到排解，那么就容易得抑

---

① 邓峰.情绪掌控术［M］.汕头：汕头大学出版社，2014：360.

郁症。小王虽然还未得抑郁症，但是他糟糕的情绪已经给他的生活造成了影响，幸好他及时控制住自己的情绪，使他的生活又回到了正常的轨道。

一个人要想成功，就要懂得轻装上阵。我们只有时常排解自己心中的抑郁，让心灵变得轻盈，才能在成功的道路上越走越快，只有轻盈的心灵才会让你欣赏沿途的美景。既能获得成功，又能享受成功的过程，这样的人生才是完整的。

从本章开始，我们就要进入实际应用环节，即如何处理情绪。关于如何处理情绪，将通过三个阶段向大家阐述：第一个阶段，讲述如何从事情上处理情绪，即从表象上处理情绪；第二阶段，将从理的层面阐述如何处理情绪，即了解情绪产生的原理，从这些原理上处理情绪；第三阶段，将从根本层面，即从心理上解决情绪问题。

一、宣泄法

人受到委屈或憋了一肚子气时，常常需要释放怒气，正如火山需要喷发一样。因此，宣泄并不奇怪。选择什么样的宣泄方式，往往要因人而异。情绪的宣泄是平衡心理、保持和增进心理健康的重要方法。当不良情绪来临时，我们不应一味控制与压抑，还要懂得适当地宣泄。

请大家想象一下：假设在你的身体里有一只气球，每当你产生一次情绪时，你的身体就会向这只气球里吹一口气。当你身体不断地向气球里吹气，这只气球就有爆炸的危险。一旦这只气球爆炸，就意味着身体受到危害。同理，如果在家庭中，这只气球爆掉了，就意味着夫妻之间可能要大闹一番，孩子可能要和你大吵一架。那该怎么办呢？很简单，平时要将这只气球里的气放掉。该如何放掉这只气球里的气呢？有如下几种方法：

（一）哭泣

人们经常讲，哭出来就好了。实际上，哭泣确实是一种很有效的方法。研究证明，情绪性的眼泪和别的眼泪不同，它含有一种有毒的生物化学物质，会引起血压升高、心跳加快和消化不良等症状。[①] 通过流泪，可把这些物质排出体外，这对身体很有帮助。尤其在亲人和挚友面前痛哭流涕，是一种真实情感的宣泄，哭过后痛苦和悲伤就会减轻许多。

尽管这一方法行之有效，但是有几点需要注意。第一，很多孩子把哭泣当成一种手段，孩子在通过哭泣宣泄情绪的同时，还会要挟家长，对家长提出各种要求。一个人可以哭泣，但不能因自己哭给别人造成困扰。如果孩子经常哭闹，请不要因为他的哭闹，父母就被牵着鼻子走，更不要轻易同意本不该同意的事。否则，长此以往，哭就成为孩子的一种手段，而不是在宣泄情绪。第二，家长也不要因为孩子哭闹，感觉很烦就制止孩子哭泣。既不要纵容孩子哭泣，也不要压抑孩子哭泣，家长应该对孩子的哭泣有正确的认知。

---

① 曾立华,李其华,刘利民,等.情绪反应与胺类化学物质[J].科技视界,2018(34)：151-152.

宣泄情绪：哭泣

你可以哭，但不能用哭来要挟我。

（二）骂

有些人用骂来发泄情绪，骂人的过程的确很痛快，情绪也会很快被发泄完。但是骂人时，给对方带来了巨大的负面情绪，这和我们情绪管理的初衷背道而驰。可以对着天空骂、对着树林骂、对着大海骂，让你发泄情绪。切记，千万不能对着别人骂。

（三）写

把负面情绪写在纸上是非常流行的一种排解负面情绪的方法。这种方法简单且随意，在动笔将负面情绪写在纸上的过程中，自己的情绪就已经得到了表达和排解，内心也会有一种欣慰和解脱之感。其实，生活中的每个人都需要倾诉内心的喜怒哀乐，把负面情绪写出来是缓解压抑情绪的重要方法。

它的做法非常简单：将那些自己无法解决的困难或烦恼逐条写在纸上，将无形的压力化作"有形"。这样，原本紧张的情绪便可得到舒缓，思路会变得清晰，自己也能更冷静地解决问题。例如，当你的孩子没有写作业，你可以写下"儿子没写作业，我很生气"这句话。把这句话重复写上百遍，可能你还没写完这么多遍，你就不会生气了。因为到最后会发现，并不是真的要生孩子的气，而是因为自己有情绪，通过写的方式把它发泄出来了。

除了哭、骂、写之外，还有其他发泄情绪的方式，如打沙包、砸枕头、摔东西等。当然，这里介绍的发泄情绪的方式，不是鼓励人们搞破坏。当你真的想通过摔东西来发泄情绪时，也要拿非常便宜或不易损坏的物件用来发泄，请珍爱贵重物品，否则得不偿失。最重要的一点，无论是砸枕头还是摔东西，请不要伤害到别人，自己发泄就好。简单来说，发泄情绪要做到：不伤人，不害物。

前面章节介绍了生命能量，也学习了情绪型能量的正面表达，所以我们在发泄情绪的同时，要注重培养生命能量的正面表达方式。

二、转移法

当感受到周围的事务将对你的情绪产生影响或正在激化你的情绪时，可以通过转移法来化解。转移法在实际应用中也有多种方式。首先，积极参加社会交往活动，培养社交兴趣；其次，多找朋友倾诉，以宣泄郁闷情绪；再次，重视家庭生活，营造一个温馨和谐的家。

除此之外，当处于消极情绪时，你可以去散散步，如到野外郊游，到深山大川走走，散散心，极目绿野，回归自然，荡涤一下胸中的烦恼，清理一下混乱的思绪，净化一下心灵的尘埃，唤回失去的理智和信心。还可以唱一首歌或跳一曲舞。一首优美动听的抒情歌、一曲欢快轻松的舞曲或许会唤起你对美好过去的回忆，引发你对灿烂未来的憧憬。更可以读一本书。在书的世界遨游，将忧愁悲伤统统抛诸脑后，让你的心胸更开阔，气量更豁达。甚至去看一部精彩的电影也是有必要的。穿一件漂亮的新衣，吃一点最爱的零食……不知不觉间，你的心不再是情绪的垃圾场，你会发现，没有什么比被情绪左右更愚蠢的事了。

应用转移法时应遵循如下原则：时间滞后、空间分割。比如暂停话题，当你和别人交谈时，若谈话内容让你觉得很不舒服，可以暂停一下，过几分钟再讨论，这就是时间滞后的表现；如果是因为人的原因，使双方产生情绪，这时就可让两人暂时分开，当看不见对方时，情绪慢慢地就会平息，这就是空间分割的表现。

三、情绪防火墙

提到防火墙，相信大家都不陌生，它是保护我们电脑免遭病毒攻击的重要软件。那什么是情绪防火墙呢？它就像戴在面部的口罩阻止病毒进入身体一样，阻止外部因素对我们的情绪造成影响。

情绪防火墙也有多种表现形式：可以在家中放上一张笑脸牌或笑

"空间分割"转移法

你们俩先分开一下。

脸图案。每当你回到家时都会看到这张笑脸,它时刻提醒你要保持微笑,各种不好的情绪都要被挡在门外。

此外,微笑还是处世的法宝。在社会交往中,人的微笑有一种天然的吸引力,能使人相悦、相亲、相近,能有效地缩短双方的心理距离,营造融洽的交往氛围;与人初次见面,友好微笑,可以消除双方的拘束感;与朋友见面打招呼,点头微笑,显得和谐融洽;洽谈达成协议,会心一笑,能消除芥蒂,增进友情;婉拒他人,淡雅笑,近情近理,不让对方难堪;与亲友话别,倾心一笑,情谊浓浓,意味深长。可以说,微笑是成功社交的催化剂。

首先,微笑是一种礼节。人们的交往一般是从微笑开始的。"面带三分笑,礼数已先到。"微笑是善意的标志、友好的使者、礼貌的表示。在人际交往中,微笑是送给他人最好的礼物。无论是熟人相见还是陌生人萍水相逢,只要慷慨大方地把微笑适时适度地奉献给对方,

对方就会感受到你待之以礼的盛情和美意。在各种人际交往中，微笑是不可缺少的对人表示尊敬、友善、欢迎和赞赏的表情语，是不要翻译的"世界通用语"。因此，可以说，微笑是礼仪的基石，也是一个人礼仪修养的展现。

其次，微笑能美化自我形象。有一位哲人说过：微笑是一个人最美的神态，长得再丑的人，只要一露出真诚的笑容，就会一下子漂亮起来。① 微笑作为一种表情，它不仅是外在形象的表现，也往往反映着人的内在精神状态，有着丰富的内涵。微笑是心理健康的标志，因为只有心境愉快、开朗坦荡、心地善良的人，才会笑口常开，对人发出真诚的微笑。微笑是自信的象征，一个奋发进取、乐观向上的人，一个对本职工作充满热情的人，总是微笑着面对生活，面对社会，始终充满自信的力量。

再次，微笑能消除误解和隔阂。微笑的魅力，还在于它能拨动对方的心弦，架起友谊的桥梁，就像一双温柔的手臂，伸展它能驱散阴云，消除误解、疑虑和隔阂。"度尽劫波兄弟在，相逢一笑泯恩仇。"正所谓"眼前一笑皆知己，举座全无碍目人"。

作为礼节的微笑，自有其动作要领：一要额肌收缩，眉位提高，眼轮匝肌放松；二要两侧颊肌和颧肌收缩，肌肉稍隆起；三要面两侧笑肌收缩，并略向下拉伸，口轮匝肌放松；四要嘴角含笑并微微上提，嘴唇似闭非闭，以不露齿或仅露不到半牙为宜。②

---

① 马爱香."微笑"是最美的语言［J］.山东教育：幼教版，2014（9）：60.
② 长榕，雨生，江歌.请学会微笑……礼仪，美化你［J］.中国商界，1996（10）：56—59.

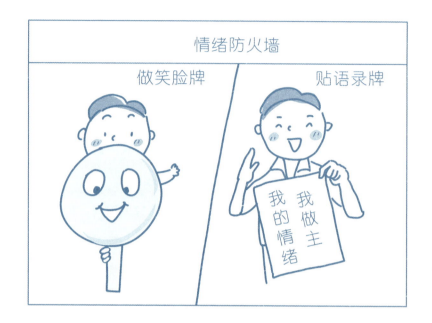

现如今，不少家庭都制定了家庭公约，其实笑脸牌也可引入家庭公约中。每当家庭成员中有人情绪状态不好时，就可以拿出笑脸牌来提醒他。这一行为就像足球赛场上裁判亮出黄牌警告，提醒你有可能要违反家庭公约了。这个时候，违反家庭公约的一方自然会冷静下来。

除了笑脸牌以外，还可以放一张有意义的照片。当产生不良情绪时，一看到照片上的人，或想到这个人所讲的一句话，负面情绪很快就被排遣掉了。还有一种方法，在显眼的地方贴一张语录牌，生活中很多人用这种方法来鼓励自己。在语录牌上可写上自己喜欢的一句话，如"我无法改变事实，但我可以改变情绪"，用来提醒自己，管理好情绪。

除了上述三种情绪防火墙之外,还有一种更为直观的情绪防火墙。准备一个橡胶手环并将它佩戴在其中一只手腕上。当你因为某件事情产生不良情绪时,就把橡胶手环从这一只手上取下,再佩戴到另外一只手腕上。如果下一次又有情绪产生时,再次摘下手环,换到另外一只手腕上。如此让手环在两只手腕上交替,在此过程中记录好每两次调换手环位置的时间间隔。

一开始,也许只间隔了5分钟,你就把手环从一只手腕换到另一只手腕,经过不断提醒自己要管理好情绪,不能生气,下次手环换位置的时间间隔就可以达到一天、一周甚至更长时间。这一方式会让人直观地感受到不良情绪产生的频率,随着时间间隔不断延长,也会让人直观感受到自己情绪管理的进步。如果手环保持在一只手腕上21天不换,那就证明你成功了。

拓展阅读

(一)防止不良情绪的传染[①]

案例 2:

一位女士有一天搭乘公共汽车,她半边身子还在外面,司机就关上了车门,结果夹住了她的一条腿。还没等女士发火,司机倒先急了:

---

① 牧之,张震. 心理学与你的生活:各种生活困惑的心理应对策略[M]. 北京:新世界出版社,2006:370.

"你怎么这么慢！"差点没把女士气晕。后来发现，这个司机早就不知跟谁生了半天气了，车子猛开猛停，搞得一车人东倒西歪，跟着倒霉。司机一个人闹情绪害苦了一车人，并使坏情绪传染开来。女士憋着一肚子火下车后，一个发小报的人凑上来，还没等说啥，女士就大吼起来："滚！"那人惊异地盯着她，周围路人也都纷纷侧目，她立刻感觉到一向文雅的自己失态了，不由得加快脚步，逃离别人的视线，心里恨死了那个司机。晚上回家时，女士的脸仍然拉得很长，看丈夫怎么都不顺眼，说东说西，丈夫憋不住了，于是家庭战争爆发。

　　从上面这个案例可见，不良情绪是可以传染的。那个司机把不良情绪带上了车，传染给了车上的人，车上的人又传染给了路人，最后还传到了家里，导致家庭矛盾爆发。现代社会，人们工作压力大、生活节奏快，心理变得十分脆弱、抑郁，并且难以找到正常宣泄不良情绪的场所，所以常常乱放"火炮"。如果任自己的不良情绪肆意扩散，轻者搞得家庭里气氛沉闷，重者可使周围的小环境受到污染，搞得身边的每个人都觉得难受。

　　不良情绪在家庭成员之间尤其容易互相传染。在一个大家庭中，主要家庭成员如父母的情绪暗示性大，而非主要成员如幼儿则相对小一些。假如在一天的开始，家庭某一个成员情绪很好，或者情绪很坏，其他成员就会受到感染，产生相应的情绪反应，于是就形成了愉快、轻松或者沉闷、压抑的家庭氛围。前面已经提到，不良情绪对人的身心危害很大。因此，我们应该像重视和防治环境污染一样，重视和防治情绪污染。

（二）我的情绪我做主[①]

我们可能曾经有过这样的经历：考试前焦虑不安、坐卧不宁；受到老师、父母批评后眼前一片空白，不愿上学；和同学、朋友争吵后，气得上街乱逛，买一堆不合时宜的东西泄愤。

像这类"犯规"的举止，偶尔一次还不要紧，如果经常这样，可就要小心了！因为不知不觉中你已经成了"感觉"的奴隶，陷于情绪的泥淖而无法自拔。所以一旦心情不好，就"不得不"坐立不安、"不得不"旷工、"不得不"乱花钱、"不得不"酗酒滋事。这样做不仅扰乱了自己的生活秩序，也干扰了别人的工作、生活，丧失了别人对你的信任。

对有些人而言，"情绪"这个字眼不啻洪水猛兽，唯恐避之不及！领导常常对员工说："上班时间不要带着情绪。"妻子常常对丈夫说："不要把情绪带回家。"……这无形中表达出我们对情绪的恐惧及无奈。也因此，很多人在坏情绪来临时莽莽撞撞，如果处理不当，轻者影响日常工作的发挥，重者使人际关系受损，更甚者导致身心疾病的侵袭。

真正健康、有活力的人，是和自己情绪感觉充分在一起的人，是不会担心自己一旦情绪失控会影响到生活的。因为他们懂得驾驭、协调和管理自己的情绪，让情绪为自己服务。在你明白自己的情绪不对劲后，你要去认识，有哪些责任是自己应该承担却没有做好的，又有哪些责任是外在的原因造成的。比如，你因迟到而被上司罚款，心情很沮丧。那你就要追问自己：此事是自己的原因还是外部的原因，如

[①] 端木自在.不生气，你就赢了［M］.南昌：江西美术出版社，2017：52-53.

果是属于堵车之类的外部原因，那么不必太在意；如果是自己动作慢、常起晚的原因，那就改变习惯。如果因此养成了良好的习惯，那领导的处罚也是值得的。

（三）管理怒气的12个方法[①]

1. 明确你想通过愤怒来达到什么目的

不要被愤怒蒙住了眼睛，看看愤怒背后的欲望是什么。如果你希望和别人交朋友，而他（她）让你失望，你就扇人家耳光的话，那么你就永远失去了和他（她）亲近的机会。相反，你可以说出你真正的感觉："我很重视我们的友谊，但有些事情威胁到了我们的友谊，这让我很失望。让我们谈谈，一起来解决这个矛盾，怎么样？"

2. 不要把不满情绪发泄在无辜的人的身上

有些人对他人发脾气，把别人当替罪羊，这样做没有任何作用，则会让你的情绪失控，发完火以后你会后悔莫及。如果你成了别人愤怒的目标和牺牲品，那么要问问自己："我一定要接受这个人给我安排的位置吗？我一定要为这种事感到受伤吗？"即便别人选择了你，你也可以避开。但不要上钩，不要去打和你没关系、你也赢不到什么的仗。

3. 找出获得爱和快乐的方法

你的愤怒有些是由于你的基本需要和欲望不能满足，你感到深深地受伤或无助，你想要生活中有更多的快乐和关爱。愤怒并不排除爱、

[①] 端木自在. 不生气，你就赢了[M]. 南昌：江西美术出版社，2017：27-30.

感激等积极情感。你可以深爱某人，为他（她）感到怒不可遏，但仍然爱着他（她）。实际上，愤怒的产生往往是由于爱得太深，我们常说："爱之深，责之切。"在上述情况下，你需要找出获得爱和快乐的方法，愤怒才会消失。发泄愤怒只会让你更受伤。

4. 不要用愤怒来弥补你的自尊心

愤怒可能是你用来掩饰自己受伤的一种高傲的方式，是你的生存受到了威胁、自负受到了伤害时的一种自我保护。但是这种方式最终不能解决问题。为了面子，只会让你时常感到失落，失落又会让你感到愤怒。

5. 对自己的愤怒负责

不要给愤怒寻找假、大、空的理由，你需要的是解决问题的方法，而不是空洞的胜利。

6. 关注愤怒

学会区分短期的愤怒和长期的怨恨。找个笔记本记下你在不同情境下对不同人的愤怒程度，并分清自己的愤怒共有多少种类。这会帮助你决定在什么时候、什么情况下表达愤怒，表达什么样的愤怒，如何表达愤怒。

7. 不要用暴力的方式表达愤怒

暴力只会带来更多的愤怒、伤害和复仇，无论是口头的攻击还是躯体的攻击都不会熄灭怒火。告诉别人是什么让你感到愤怒或受到伤

害，告诉他们你真正希望他们做的是什么。以不攻击的方式，将不满表达出来，与其说"你错了，你简直混账得离谱"，不如说"我受到了伤害，你的所作所为没有考虑到我的感受"。

8. 将愤怒暂时搁置

比如，愤怒的时候从1数到10。愤怒时写一封信，这封信写得越详细越好，把这封信放一天再读一遍，再考虑是否真的值得发火。愤怒时先别去想这件事，过一段时间再想，替这些情绪找到出口。体育锻炼是一种很好的释放方式，或在没人的地方大喊大叫，等等。

9. 对事不对人

说"这件事情真的让我很生气"是针对事件，说"你这混蛋，怎么做出这种事情"就是针对人了。

10. 勇于认错

不要因为一时愤怒造成了不好的结果而自责。如果是你的错，就拿出你发泄愤怒时的勇气来，去道歉，求得别人的谅解。

11. 站在"肇事者"的立场考虑问题

为他人寻找合理的理由，告诉自己："那个找我麻烦的家伙搞不好遇上了什么烦恼，日子不好过。"

12. 吸取教训

愤怒是一次学习的机会。通过了解自己愤怒的来源，我们可以把愤怒的能量转化为建设的动力。平时注意那些让你烦闷的情境，不要

让环境影响了你的心情。比如，排队时人流拥挤，空气恶劣，再加上等候时间长的话，人就容易发怒。这时，可乘机放松一下，有助于使你的心情平和。

（四）给生活加点让人愉悦的色彩

不同的颜色会给我们带来不同的心情，这是每个人都能体会到的。例如，当你抬起头，看到的是湛蓝的天空，一定会感觉神清气爽；而如果看到的是一片乌云，一定会心情压抑。再如，不同色调的画作和摄影作品，会使我们感受到不同的心情；房间里墙壁刷上不同的颜色，也会让我们的感受不同；甚至我们还会根据不同的心情和个性，选择不同颜色的衣服；等等。这些都说明，颜色具有影响人情绪的特性。有的时候，这种影响是至关重要的。

国外曾发生过这样的事：有一座黑色的桥梁，每年都有一些人在那里自杀。后来，有人提出把桥梁涂成天蓝色，结果自杀的人就明显减少了。再后来，人们又把桥梁涂成了粉红色，再也没有人在那里自杀了。①

心理学家对颜色与人的心理健康之间的关系进行了研究。研究表明，在一般情况下，红色表示快乐、热情，使人情绪热烈、饱满，激发爱的情感；黄色表示快乐、明亮，使人兴高采烈，充满喜悦；绿色表示和平，使人的心里有安定、恬静、温和之感；蓝色给人以安静、凉爽、舒适之感，使人心胸开朗；而灰色则使人感到郁闷、空虚；黑色使人感到庄严、沮丧和悲哀；白色使人有素雅、纯洁、轻快

---

① 高菲.颜色也是一种药[J].医药保健杂志，2009（1）：24-25.

之感。

颜色不仅可以给你带来有益的刺激,而且可以对你的情绪起到安抚的作用。

粉红色:能抑制愤怒,降低心肌收缩力,减缓心率。

浅蓝色:可消除大脑疲劳,使人清醒而精力旺盛。

咖啡色:能让人心理趋于平静,消除孤独感。

黄色:可集中注意力,增加食欲。

紫色:能消除紧张情绪,对孕妇有一定的镇静作用。

红色:能提高食欲、升高血压,但易让人性急、发怒。有心脏病的人不宜居住在墙壁为红色的房间内。

白色:对烦躁情绪有一定的镇静作用,对心脏病人有益。

黑色:能减少人体内的红细胞,并容易诱发事故,易使人感到疲倦。

蓝色:可减慢心率,降低胆红素,对呼吸道疾病的治疗有一定的作用。

绿色:具有调节神经系统的作用,能消除紧张情绪,减慢心率,活跃思维,对治疗抑郁症、厌食症有一定的作用。

总之,各种颜色都会给人的情绪带来一定的影响,使人的心理活动发生变化,进而影响人的生理机能。因此,我们的日常生活中一定要注意颜色的搭配,无论是衣服,还是家里的装修,最好选择一些给人带来好心情的"阳光颜色"。这样,我们的生活必然会多一些快乐,少一些焦虑。

第10章

如何处理情绪

——从理的层面解决（一）

上一章从表象层面阐述了如何处理情绪问题。聪明人如果不善于驾驭自己的情感，则在情感失控的情形下，比普通人更危险一些。正如美国先哲爱默生所言："聪明人比庸人更懂得避免祸事；但在冲动的时候，聪明人吃的亏比庸人更大。"不会冲动的人是死人；一个只会冲动的人是蠢人；一个能驾驭自己的情感，做到尽量不冲动做事的人是真正聪明的人。所以，你要想真正发挥自己的潜能，就要学习运用理智的原则驾驭情感、控制情绪。

能否理智地驾驭自己的情感，是一个人心智是否走向成熟的重要标志。感情用事者不仅会远离成功，还会因为自己的不成熟给别人带去伤害、给自己招来祸端。能否理智地驾驭自己的情感，这也是区分强者与弱者的方法之一。真正的弱者不在于战胜不了别人，而在于战胜不了自己。他们或多或少地充当着情感的奴隶、受着情感的驱使，少有克制自己的勇气和信心。真正的强者都是驾驭情感的高手，他们控制情感冲动和内心欲望的过程也正是战胜自我、超越自我的过程，

而战胜自我的人大多是生活中的强者。

《易经》上说:"在能够使万物干燥的东西中,没有比火更厉害的了;在能够使万物动摇的东西中,没有比风更厉害的了。"当风与火遇到一起的时候,风助火势,火壮风威,就能轻而易举地失去控制。人们常说愤怒是"怒火中烧""怒气冲天",就是因为人在生气的时候,就像用风箱向火炉中鼓风一样。如果不加控制,任凭怒气和怒火发泄,就可能害人害己。

本章将从理的层面讲述处理情绪的方法。说到情绪问题,不得不说心理学。心理学是研究人们心理活动的科学,情绪又是人们心理活动的重要表现,自然也就是心理学研究的重点内容。下面介绍几种很常见的心理学原理,可以帮助大家更好地解决情绪问题。

一、表现法

表现法也称表现原理,这一原理由美国心理学之父詹姆斯提出。他所提出的表现原理可能会颠覆我们的认知。一般情况下我们都认为,当一个人开心时,脸上就会有笑容;当一个人伤心难过时,这个人可能会哭泣。而詹姆斯提出的观点却与之相反,他认为人不是因为开心才笑,也不是因为伤心才哭泣,而是人因为哭泣才伤心,因为笑容才开心。该观点一经提出,就遭到当时诸多心理学家的反对。但随着时间的推演,詹姆斯这一观点得到了越来越多的证实,后来也被世人所接受。其实,这一理论对于我们来说很有意义。在表现理论出现之前,人们一直以为情绪是被动产生的。而现在人们认识到,情绪可以通过

人们主动创造出来，情绪会和身体某一行为产生联系。如果想要某种结果，只要做出该情绪相应的某种行为就可以表现出这种情绪了。如果想开心，不是等生活中出现所谓让你开心的事，而是主动去创造开心的状态。也就是说，如果你想让自己开心，你就去做开心时会做的动作，如蹦蹦跳跳、手舞足蹈等。

案例1：

好心情要"装"出来

小敏今年才24岁，但旁人无法从她身上看到半点青春的活力，她总是眉头紧锁、声音低沉，一副萎靡不振的样子。就这样过了很长一段时间，这天，小敏和一位在公司大厦做保安的大叔一起乘坐电梯，大叔看了小敏几眼，说："小姑娘，你还这么年轻，是什么事总让你这么一筹莫展呀？"小敏敷衍地说："没什么，只是心情不太好。"大叔哈哈大笑起来，说："我还以为多大点事呢，让我来开导开导你，保证你以后心情很好。以后不管遇到什么难事，你都要在心里默念我很开心，然后开心地笑三声就可以了。"小敏将信将疑地看着大叔。

小敏下班回家，想好好休息一下，可没想到自己的房间被小侄子弄得一塌糊涂，甚至弄洒了她最喜欢的香水，当她想对小侄子发火时，脑海中浮现了大叔的话，于是她大声地对自己说："很开心啊，哈哈哈！"起初小敏觉得自己这样做像个神经病。但是这么一喊，自己好像真的心情舒坦了很多，不想再发火了。从那以后，只要有什么不开心的事，她就会大笑三声。后来，她终于明白了，最初对情绪的选择能决定一个人的心情好坏。哪怕心情不好的时候假装好心情，假的也

能变成真的，心情自然就变好了。

世界上有一些人理解了心理学的表现原理，于是创建了一个哈哈族。哈哈族的成员们每天都会在固定的时间练习哈哈大笑、做出积极的动作。其实我们也可以这么做：每天早晨起来刷牙时，对着镜子笑1分钟，对着镜子说："我是最棒的！"需要注意的是，如果你只哈哈笑了两声，肯定不会有效果，练习时间至少要1分钟。与哈哈族相反的情况也有，如果一个人经常做一些消极的事情或者接受负面情绪，那这个人的情绪一定不会好，这也说明了为什么有些演员会出问题。大多数人都读过《红楼梦》，书中林黛玉的人物性格给大家留下了深刻的印象，结果她17岁就离世了。有人会说她本来就是这种性格，又迫于种种原因才早早离开人世，殊不知经常哭泣的她加剧了本就压抑的负面情绪。

在一种教育理念，将人生成功的三步骤分为"定为""装为""成为"。

首先是"定为",简单来说,就是"将来会成为什么样的人"。例如,家长经常说"你将来肯定能成为一名教师""宝贝,你真是个好孩子"等等,这就是"定为"。

其次是"装为",在一个人有了"定为"之后,他就会按照这一"定为"的要求付诸相关行动,如果孩子听到你说他是好孩子,孩子就会按照好孩子的标准做出相应行为,如主动打扫卫生、认真做功课等。

最后是"成为",即结果,成为你想成为的人。从"定为"到"装为"再到"成为",这一逻辑关系和表现理论极为类似,用语言来描述,就是:如果你想开心的话,那就做开心时会做的动作;如果你想成为什么样的人,就按照那种要求表现出来。

需要强调的是,"定为"这一环节非常重要。如果是积极"定为",孩子会付出积极的行为;而如果是消极"定为",孩子会失去上进心。

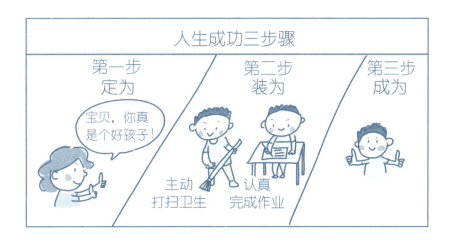

二、满灌法

满灌法也叫冲击疗法,简单地说,就是你怕什么就去做什么。有的人怕蛇，那就去动物园盯着蛇看。可能一开始，即使隔着玻璃看蛇，你也会觉得头皮发麻，心跳加速。过了几分钟，这种紧张不安、恐惧的情绪就会慢慢地得到缓解。甚至到最后，敢于直面玻璃后面的蛇。有的孩子怕黑，那就设置一些场景，在安全的前提下让孩子经历一些黑暗的空间。

上述两个案例使用的方法属于满灌法中的实景呈现法。

还有一种方法叫想象呈现法，即人们通过大脑不断想象所害怕的场景，并逐渐适应这些恐惧的方法。

无论是实景呈现法，还是想象呈现法，它们所遵循的基本原理是：如果一个人恐惧某种情境，那么就让这个人直接进入某种情境，对其心理进行冲击，在他多次受冲击后，他就会慢慢地适应，不再感到恐惧。

三、脱敏法

脱敏法的应用非常广泛，很多职业运动员在赛前训练过程中，运用脱敏法消除赛前紧张、焦虑甚至恐惧的心理。脱敏法在心理学上也叫系统脱敏法或交互抑制法，通过诱导求治者缓慢暴露于导致神经焦虑的情境，并用心理的放松状态来对抗这种焦虑情绪，从而达到消除恐惧或焦虑的目的。也就是说，通过别人的引导，让习惯性恐惧、焦虑的人说出他所害怕的场景，然后再设置出这些场景，让这些人逐步适应他所害怕的场景，以达到消除恐惧或焦虑的目的。[1]

需要指出的是，脱敏法在实际应用中不是立竿见影的，它需要逐

---

[1] 汪新建，管健.试析系统脱敏法和合理情绪疗法之异同[J].医学与哲学，2002，23（8）：60-62.

步递进才能将患者的恐惧情绪消除掉,且过程较为复杂。

和满灌法不同的是,脱敏法大多用来帮助消除严重的焦虑或恐惧的情绪,而满灌法较为直接,且对于消除日常的恐惧或焦虑很有效果。所以,到底是运用满灌法还是运用脱敏法,要具体情况具体分析。

拓展阅读

(一)消除紧张情绪的10种方法①

1. 畅所欲言

当有什么事烦扰你的时候,应该说出来,不要闷在心里。把你的

① 牧之.情绪急救:应对各种日常心理问题的策略和方法[M].南昌:江西美术出版社,2017:184–187.

烦恼向你值得信赖的、头脑冷静的人倾诉：父母、丈夫或妻子、挚友、老师、学校辅导员等。

2. 暂时避开

当事情不顺利时，可暂时避开一下，去看看电影或读读书，或做做游戏，或随便走走，改变一下环境，这一切能使你感到松弛。强迫自己"保持原来的情况，忍受下去"，无非是做自我惩罚。当你的情绪趋于平静，且你和其他相关的人均处于良好的状态下，你再回来，着手解决你的问题。

3. 改掉乱发脾气的习惯

当你想要骂某个人时，应该尽量克制一会儿，把它拖到明天，同时去做一些有意义的事情。例如，从事一些诸如园艺、清洁、木工等工作，或打一场球，或散散步，以平息自己的怒气。

4. 谦让

如果你经常与人争吵，就要考虑自己是否过分主观或固执。争吵将对周围的亲人，特别对孩子带来不良的影响。你可以坚持自己认为正确的东西，静静地去做，但要给自己留有余地，因为你也可能犯错误。即使你的做法绝对正确，你也可按照自己的方式稍稍谦让一些。你这样做了以后，通常会发觉别人也会这样做的。

5. 为他人做些事情

如果你一直感到烦恼，试一试为他人做些事情。你会发觉，这将使你的烦恼转化为精力，而且会使你产生一种做了好事的愉快感。

6. 一次只做一件事

在紧张状态下的人，有时连正常的工作量都完不成。最可靠的办法是，先做最迫切的事，把全部精力投入其中，一次只做一件，把其余的事暂且搁到一边。一旦你做好了，你会发现事情根本没那么可怕。

7. 避开"超人"的冲动

有些人对自己的期望太高，经常处于担心和忧郁的情绪状态下。他们害怕达不成目标，对任何事物都要求尽善尽美。这种想法虽然极好，但容易走向失败的道路。没有一个人能把所有的事情都做得完美无缺。首先要判断哪些事你做得到，然后把主要精力投入其中，尽你最大的努力和能力去做。做不到时，则不要勉为其难。

8. 对人的批评要从宽

有些人对别人期望太高，当别人达不到他们的期望时，便感到灰心、失望。"别人"可能是妻子、丈夫，也可能是他们要按照主观愿望培养的孩子。对自己亲人的短处感到失望的人，实际上是对自己感到失望。不要去苛求别人的行为，而应发现其优点，并协助他发扬优点。

这不仅让你获得满足，而且会让你对自己的看法更趋正确。

9. 给别人可以超前的机会

当人们处于激动而紧张的状况下，他们总想取得胜利，而把别人的劝告抛开。如果我们都如此想，那么，做任何事情都变成了一场赛跑。其实，我们用不着这样去做。你给别人可以超前的机会，并不会妨碍自己的前途；如果别人不再感到你对他产生阻碍，他也不会阻碍你发展。

10. 使自己变得"有用"

很多人有这样的感觉：认为自己被忽视，被人看不起，被抛在一边。实际上这不过是你自己的想象，可能是你自己而不是别人看不起你。你不要退缩，不要避开，你要做出一些主动表示，而不要等到别人向你提出要求。

（二）学会遗忘失败与痛苦

曾经有一位智者说："人除了要学会记忆以外，还要学会遗忘。"如果我们将什么都记得非常清楚，脑海中存放着太多的记忆，当真是一件令人苦恼的事情，久而久之，还会对身心健康产生不利的影响。

案例 2：

英国劳艾德保险公司曾买下一艘船。现在这艘船就停泊在英国萨伦港的国家船舶博物馆里。这艘船是该公司从拍卖市场拍下的。它在1894年下水，在大西洋上曾138次遭遇冰山，116次触礁，13次起火，207次被风暴扭断桅杆，但它从未沉没过。劳艾德保险公司之所以最终打算将它从荷兰买回来捐给国家，关键是考虑到该船不可思议的经历及在保费方面带来的丰厚利润。

然而，让这艘船闻名遐迩的却是一名来此观光的律师。当时，他刚打输了一场官司，委托人也因输了官司而忧郁地自杀了。虽然这不是他初次失败辩护，也并非他见过的首例自杀事件，不过，每逢碰到类似的事情，他心底总是会滋生出一种负罪感。他不晓得该如何安慰那些在生意场上遭遇不幸的人，他们有一部分被骗，有一部分被罚，他们或倾家荡产，或妻离子散，也有一部分因输了官司，弄得债务缠身。

当他在国家博物馆看到这艘船时，突然萌生出一种念头，何不让他们到此参观这艘船呢。于是，他就将这艘船的历史资料及其照片一并挂在律师事务所中。每逢商界的人找上门来请他做自己的辩护律师，不管最终官司输赢，他都建议这些人去参观一下这艘船。据英国《泰晤士报》报道：截至1978年，已有230万人次参观过该船，仅参观者的留言就有170本。

吸引人们纷纷至此的原因正是这艘船上的累累伤痕。众所周知，在大海中航行的船没有不带伤的。其实，人生的道理也是如此。对于每个人而言，光明的未来总是建立在遗忘的基础之上的。唯有将往昔的失败与痛苦等适时遗忘，才有可能在下一段旅程中走得更平稳。[①]

然而，在实际生活中，只要稍加留心不难发现这样的现象：有的人记忆力超级强悍，将什么鸡毛蒜皮的事都记得门清，事无巨细，只要对自己不利的事情都斤斤计较、耿耿于怀，有的人则该记的记，该忘的忘，精力十足，坦荡行世，生活得无忧无虑。不难看出，遗忘非但没有什么不好，它还是一种风度、一种重要的养生之道。

---

① 刘燕敏.没有不带伤的船[J].现代阅读，2015（8）：89.

第 11 章

如何处理情绪
——从理的层面解决（二）

本章将继续阐述如何处理情绪。在学习新的内容之前，先分享一个故事。

案例 1：

有一年，公司给老王发了两万元的年终奖，拿到年终奖后的老王非常开心并且给老婆打电话："老婆，今天我发年终奖了，今晚就不要做晚饭了，我带着你和孩子去吃大餐。"在老王和妻子打完电话之后没多久就听到同事小李拿了三万元的年终奖。老王听到后非常地郁闷，为什么小李可以拿到三万元？于是老王就给老婆打电话："老婆，我们不去吃大餐了，改去吃火锅吧。"没过多久，老王听说隔壁部门的小刘拿了五万元的年终奖。此时，老王更加郁闷和不爽，甚至有些愤怒，为什么他们拿的年终奖这么高？然后老王又给老婆打了个电话："老婆，今晚还是在家吃晚饭吧，我下班后买两个卤菜带回家就行了。"

老王从拿到两万元年终奖的开心到后来的愤怒，情绪转变如此之大，这是为什么呢？如果老王年终奖仍然是两万元，而小刘和小李的年终奖都是一万八，那此时老王还会不会郁闷和不爽呢？当别人拿到的年终奖比他多时，他就郁闷和不爽；而当别人拿到的年终奖比他少时，他的心里就会觉得舒坦。同样是两万元，既可以让人开心，又可以让人生气。表面上是因为钱的多少引起的情绪，其实包含着深层次的问题。

一、ABC 理论

在正常情况下，人们普遍认为人的情绪是由外在因素引起的。例如，当孩子考试没有考好时，家长很生气；当下属被领导夸奖时，下属就会很开心。从表面上看，家长生气，是因为孩子没考好导致的；下属很开心，是因为得到了领导的夸奖。无论是生气还是开心，都是由外在因素引起的。然而，西方心理学家艾利斯曾提出过 ABC 理论，该理论认为：人的喜悦、愤怒、恐惧、焦虑等情绪的产生并不是由于外在因素（A）引发的，而是当事情发生后，人们对这件事情的认知（B）（观念、想法、理念）导致你出现了情绪（C）。从图 11-1 可以看出，A 代表外界因素或发生的事实，B 代表一个人对所发生的事情的看法，C 代表情绪，这个情绪是由个体对所发生事实的看法导致的。所以这套理论被称为 ABC 理论。

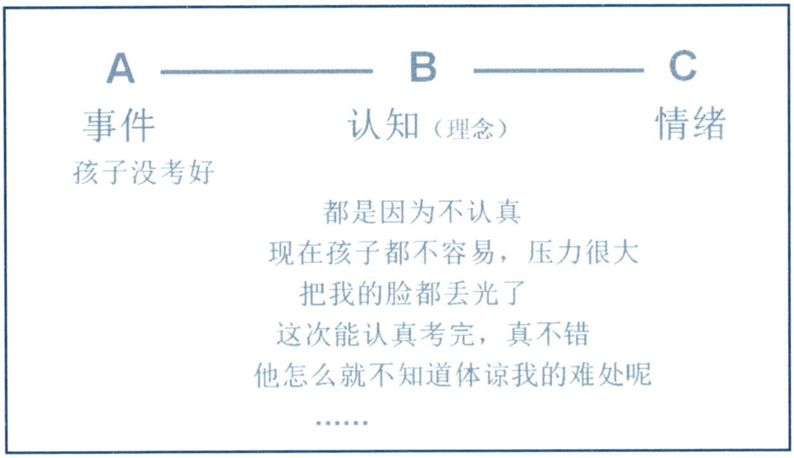

```
A ——————— B ——————— C
事件            认知（理念）         情绪
孩子没考好
              都是因为不认真
              现在孩子都不容易，压力很大
              把我的脸都丢光了
              这次能认真考完，真不错
              他怎么就不知道体谅我的难处呢
              ……
```

图 11-1

下面运用 ABC 理论来分析上述案例，老王拿到两万元年终奖，一开始心里可能在想，一年的努力没有白费，终于得到回报了，所以感觉很开心。然而当老王连续两次听到其他同事拿到的年终奖都比自己多时，老王的内心活动肯定非常激烈，他很有可能在想，小刘、小李这么年轻，工作态度有时也不端正，他们凭什么拿这么多年终奖，是不是老板偏袒他们？所以就产生了郁闷和愤怒的情绪。

如果老王听到小刘拿了五万元后没有像之前一样想，而是反思：小刘比我年轻，竟然都拿到五万元年终奖了，是不是因为我工作有不到位的地方啊？看来自己得更努力了。如果老王这样想，那他还会生气吗？这样看来，对同一外在因素，老王产生了不同的认知（想法），进而导致不同的情绪。

在对待孩子考试成绩的问题上,家长们各有各的看法。下图列举了几个很有意思的案例:同样的外在因素(A),即孩子没有考好,不同的家长有不同的看法(B):有的家长认为孩子没考好太丢面子了;有的家长认为孩子学习压力大,尽力就好;还有些家长会认为,孩子这次能顺利考完试,已经很棒了……由此导致的情绪也各不相同(C):认为孩子给自己丢面子的家长肯定会生气;认为孩子尽力就好的家长情绪还算稳定;而认为孩子表现很棒的家长会感到孩子在进步,值得为他高兴。所以,通过这几个案例,大家可直观了解到情绪的产生都是由个体对发生事实的认知造成的。

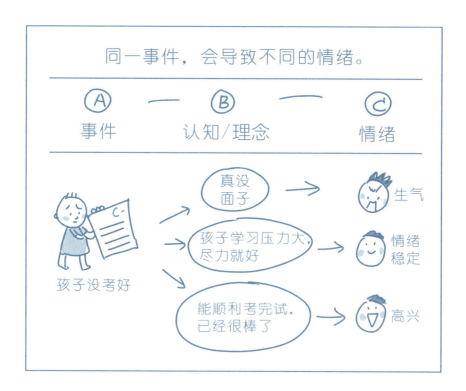

二、人无法控制事件，但可以控制理念

前面提到，"我无法改变事实，但我可以改变情绪"，该如何改变情绪？答案就是改变你的理念，改变你的观点。放在 ABC 理论中，意思就是我无法控制 A，但我可以控制 B，从而影响 C。如果人们的理念都比较合理，自然就不会产生这么多不良情绪了。艾利斯在做了大量研究之后发现，人类合理的理念太少，不合理的理念太多了，这也就导致人们经常遭受情绪问题的困扰。艾利斯总结出人类社会中十种常见的不合理的理念。

（一）人应该得到对自己重要的人的喜爱和赞许

如果我认为一个人对自己很重要，那这个人就要喜爱和赞许我。这个要求似乎有点不合情理。几年前，著名歌星刘某某先生曾经接到一个消息，消息来自一位女性粉丝的父亲。这位女性粉丝对刘某某先生痴迷已久，想无论如何都要和刘某某先生见上一面。这位粉丝的父亲劝阻无效，但又爱女心切，就通过各种方式帮助女儿，终于在一次演唱会结束后，这位粉丝如愿近距离接触到了刘某某先生，并进行了短暂的交流和拍照。然而，为了帮助女儿实现愿望，这位老父亲割肾、卖房，最终跳海自杀。这位粉丝也表示后悔这样做，并且发文痛斥刘某某。

这件事在当时引起了巨大轰动，社会上的声音大多都在批评这位粉丝，一个人有权利去追求自己所爱，但对方没有责任和义务一定要给自己一个回报。

（二）有价值的人应在各方面都比别人强

在当今社会中，这种不合理的信念非常多，尤其是家长在教育孩子的过程中经常犯这样的错误。如果家长在教育孩子的过程中经常告诉孩子这一信念，那么孩子不仅有巨大的压力，还会给孩子造成一种误导，如果不比别人强，那就证明自己不行。当孩子真的没有超过别人时，他就会否定自己、批评自己，从而产生很多消极的情绪。

（三）任何事物都应该按照自己的意愿发展，否则就很糟糕

世界不会因我而转，我只有适应世界。今天的家庭教育仍然存在这样的问题，孩子在家里享受自由，无论想要什么家长都满足孩子。

然而，当孩子在外面得不到他想要的东西时，他就会生气、郁闷和焦虑，这些不良情绪也只能由孩子来承受。

（四）一个人应该担心随时可能发生灾祸

有些人时刻担心将来某一天发生不测，根本没必要，否则一直在担心害怕中度过，那太痛苦了。心理学家研究发现，人们所担心的事情中，99%都不会发生。中国人讲究未雨绸缪，早做准备，这是科学合理的，但不能杞人忧天。

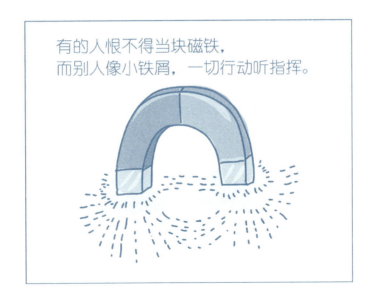

有的人恨不得当块磁铁，而别人像小铁屑，一切行动听指挥。

（五）情绪由外界控制，自己无能为力

运用 ABC 理论，可以解释人们因具有不合理的认知，导致产生不良的情绪，情绪并不由外界控制。

（六）已经定下的事是无法改变的

这一信念也经常出现在生活中，无论是工作中还是家庭教育中都较为常见。有些人说为了已经定下的事情努力，没有任何意义。其实，一件事情确定与否，都是由人来操作的，可以通过沟通争取改变的机会。在家庭教育中，当孩子向家长索要玩具或提出其他要求时，父母千万不要全盘答应孩子，也不要全盘拒绝孩子。对于孩子提出的无关紧要的要求，家长可以答应。但是，当孩子提出的要求比较高时，家长一定要让孩子说清楚原因，能答应的就答应，不能答应的就不答应。对于家长已经做出的决定，如果孩子还想争取，可给孩子一些机会。总之，无论如何要让孩子知道，只要争取，都会有机会。

（七）人碰到问题，应该有一个完美的解决办法，不然会很糟糕

有些问题现在没有办法解决，不代表未来没有办法解决。留得青山在，不怕没柴烧。其实，有一个解决问题的好办法，叫时间。例如，今天孩子不如别人，父母解决不了目前的分数问题，但也许未来可以呢。未来谁都不知道谁的成就更高。

（八）对不好的人应该给予严厉的惩罚和制裁

时至今日，为什么还有很多法律解决不了的问题？要靠人内心的善才能解决。要达到这一目的，教育是解决问题的根本。

（九）逃避可能比面对责任和挑战容易得多

人在面对困难时，大脑会本能地做出逃避的反应。逃避虽然可能会让你暂时进入舒适圈，但会引起心理压力，每天痛苦一分，两个月下来就痛苦 60 分。

（十）要有一个比自己强很多的人做后盾

中国人做事喜欢找一个比自己强很多的人做后盾，但是没有后盾不能说明人生就不可前进。

拓展阅读

（一）很多人误以为情绪调适只是成年人的事

对于成年人的不良情绪，人们通常可以理解，但对于儿童身上出现的不良情绪，许多人却理解不了。例如，经常听到大人对小孩说："小小年纪，烦什么烦！"但是，研究表明，相比成年后的经历，童年时期的经历对人一生的心理影响更大，对情绪的影响也是如此。成年人不良情绪的产生通常可以追溯到他们童年时期的经历。因此，儿童成长中出现的情绪问题必须引起重视。当儿童出现不良情绪反应时，要积极、合理地引导他们，让他们从小养成情绪调适的习惯。

情绪调适可以反映出一个人的智慧、习惯、精神意志和道德水平。情绪调适与人的童年经历密切相关。从情绪调适的误区中走出去，使

自己拥有持久稳定的良好情绪。

（二）我们该如何应对愤怒的情绪呢[①]

产生愤怒情绪时，是该压抑，不去发泄自己的愤怒吗？有科学研究表明，一再压抑愤怒的情绪会损害我们的身心健康，尤其是许多心血管以及消化系统的疾病都与压抑愤怒的情绪有关。就像高压锅一样，越是压抑，内在的气压就会越大，总会有爆发的一天。而肆意发泄，对人对己更是有百害而无一利。科学研究表明，经常愤怒发脾气的人，患冠心病的风险会大大增加。其实，任何情绪都是一样的，都需要我们勇敢地面对它，向它敞开心扉，倾听它背后的需求。

通常在一个人愤怒的情绪背后掩盖了温柔的情绪

---

① 邓峰.情绪掌控术［M］.汕头：汕头大学出版社，2014：47–49.

通常在一个人愤怒的情绪背后掩盖了温柔的情绪，也包括恐惧、悲伤、孤独等情绪。而在这些情绪背后，又常常包含没有被满足的需求，比如，希望被看见、被听见、被理解、被重视、被认同、能够与人建立亲密的关系……所有的需求，如果用最简单的话来说，就是希望被爱！这也是每一个人生而为人最深切、最基本的需求。

所以，当下一次遇见一个愤怒的人时，也许你能透过他狰狞的面目，看到他背后孤独、受伤的心，以及深深地希望被认同、被爱的需求。当我们每次感到愤怒、生气的时候，都能停下来，觉察到自己的需求，穿越愤怒的火焰，去触摸自己的内心，给予自己关怀，给予自己爱。

第12章 如何处理情绪
——从理的层面解决（三）

上一章介绍的 ABC 理论向我们阐述了情绪来源于人们对客观事实的认知或理念，如果我们能够找到不合理的理念，也就找到了解决情绪问题的关键。

一、不合理的理念

下面罗列出教育孩子和夫妻关系这两方面常见的不合理的理念。

（一）教育孩子时常见的不合理的理念

孩子就应该听话。

孩子不应该有这么多缺点。

如果你这么贪玩，就不是好孩子；不爱学习，就不是好孩子。

孩子就得管，打是亲，骂是爱。

孩子表扬了会骄傲。

孩子就得表扬，永远不能批评。

教育要顺其自然……，孩子不能输在起跑线上……

我教过了就应该会，不会就是不认真；别人家孩子会的，他也要会。

学习是最重要的，只要学习好，其他事都不是大事。

我这么辛苦挣钱，他还不努力学习，怎么对得起我。

我把道理都说清楚了，他就应该按道理去做。

我家孩子没教育好，都是老公（婆）不负责任。

我对孩子要求不高，只要中等就可以了。

我做这一切都是为你好，你应该理解；我对你好，你就得认真学习。

如果考不上大学，就完了。

对于孩子，我已经没办法了。

……

（二）夫妻关系中常见的不合理的理念

我已经是你的人了，你就只能对我好。

如果你爱我，就该顺着我。

爱人永远都不能让我受气。

我难受了，你应该知道。（女）

你难受了，就该告诉我。（男）

买双鞋子要逛几个小时，太浪费时间了。

我让你做的事都不做，你肯定不爱我。

女人就该待在家里,把家管好。

男人不能挣钱就没出息。

如果他不爱我,我就要疯了。

……

上述这些不合理的理念有三个特点:

首先,要求绝对化。这些不合理信念经常带有"应该""一定""就得"这样的词语。其次,过度概括。这些不合理的理念通过一件事,就轻易给出否定或肯定、以偏概全。再次,糟糕至极。一件事未完成,动不动就表现"完了""疯了""没命了"。把一件事的后果想得过于严重,就像天要塌下来一样。在上述不合理的理念中,如果你占有五条以上,就说明你在生活中很可能经常有不良情绪产生。

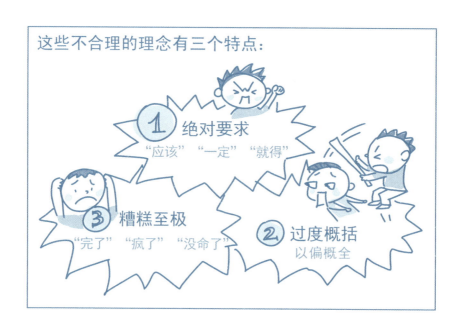

二、该如何做

上一章介绍过，ABC 理论中，A 代表外界因素或发生的事实，B 代表一个人对所发生的事情的看法，C 代表情绪，这个情绪是由个体对所发生事实的看法导致的。我无法控制 A，但我可以控制 B，从而影响 C。那我们该如何控制理念，如何去改变理念呢？答案就是反驳。

这里所讲的反驳是指反驳自己不合理的理念而非他人理念，反驳的结果为：用新的、合理的理念替换之前不合理的理念。反驳的形式可以是自己跟自己辩论，也可以是别人帮你矫正，或寻求专业人士的帮助。

（一）自己跟自己辩论

辩证法指出，内因是事物发展变化的根本原因，外因只有通过内因才能起作用。这就是说，外界的所有因素对自身的影响必须经由自身才能反应，因此，自身才是情绪问题的根源所在。

当出现情绪问题的时候，仅仅将原因归于他人或外界环境是不正确的。无论遇到什么情况，都应该首先从自己身上寻找原因，抱怨和推脱没有任何意义。

不过，从自身寻找原因中有一种情况是对个人的否定。有人在对自己的情绪进行分析的时候，会将行为和情绪的原因看作是和自己的性格、态度、意图、能力和努力程度相关的问题，从而导致对自我的否定，正是这些有偏见的个人归因导致对自我分析之后陷入更为严重的情绪问题。比如有人觉得自己太笨了，太没出息了，等等，这些都是不合理的个人归因。

遇到这种情况，我们应当运用灵活的原则去对待，在进行情绪分析的时候，多从内在的稳定因素归因，比如努力程度是否足够，少从不稳定因素归因，比如个人的能力等，克服个人归因偏差，这样才能够提高自己的信心。

自我辩论有如下几种形式：反问、举例子、摆事实、推理等。例如，对"我认为孩子就应该听话"这一条不合理理念该如何反驳呢？首先，可以尝试反问自己：孩子为什么一定要听自己的话呢？听话的孩子一定就有出息吗？当你对自己的不合理理念发起反问时，再想一想现实中有没有真实的案例能回答自己的反问。其次，进行推理：听话的孩子固然好，但是也有很多听话的孩子到最后并没有出息，所以没有必要要求孩子一定要听话。这种方法看起来很简单，但在实际运用中可能会非常痛苦，因为要完全改变自己的观念是一件相当困难的事情。也许你要改变的这个理念，在你还是孩子的时候，你的父母就传递给你了。它在你脑海中扎根了数十年，想一朝改掉，实属不易。

（二）别人帮你矫正

寻求周围人的帮助是一个好方法，但前提是要找对人。如果找一个人，他也认为孩子就应该听父母的话，那这件事情就难办了。所以，我们在运用这一方法时，最好寻找同样了解情绪管理的人，尽管对方可能也会有不合理的理念，但至少他知道改变不合理理念的方法。

（三）寻求专业人士的帮助

可以加入一些专业的社群，在社群里会有专门的老师给大家答疑，同时带领大家练习改变的方法。

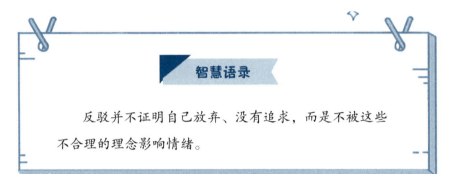

智慧语录

反驳并不证明自己放弃、没有追求，而是不被这些不合理的理念影响情绪。

拓展阅读

（一）世间的事情没有绝对的好坏之分

所有的事情都具有两面性。当你认为一件事情很糟糕的时候，说不定其中暗藏机遇。如果最近一直很幸运，那么很可能不久的将来会有不好的事情来临。正所谓祸福相依，没有绝对的好事，也没有绝对的坏事，无论好坏都可以互相转换。富足优越的生活虽然很好，但却容易让人丢失上进心；贫困的生活虽然清贫，但却是激发人斗志的动力。

案例1：

由于股市狂跌，安迪森一夜之间一贫如洗，他前半生苦心经营积聚的财富一下子化为乌有。事情发生得太突然了，安迪生整个人像被击垮了一样，失去了斗志。一天晚上，安迪森恍惚中来到了金门大桥上，脑海中浮现一个声音：跳下去吧！跳下去吧！跳下去就一了百了了。

就在这时，他突然听到远方传来了一阵阵哭泣声。安迪森循声而去，发现原来是一位精神不振的年轻女子，她正将身体倚在栏杆上，绝望地哭着。安迪森走了过去，见到这么伤心的人，他暂时把自己的不幸抛之脑后了，问道："小姐，恕我冒昧，请问发生了什么事让你如此伤心？"女子转过头，看了看满脸善意的安迪森，一字一句地将事情的原委讲给了安迪森听。原来，她被相恋多年的男友抛弃了，她简直没有信心再活下去了。

安迪森听她说完，情不自禁地说道："就是这样吗？那我就不明白了，当你还不认识你的男友时，你不是也能活得很开心吗？"听了安迪森的话，女子茅塞顿开。"谢谢你的点拨，我会好好活下去的。"说完，她朝安迪森深深地鞠了一躬，转身走了。看着女孩远去的身影，安迪森开始思索自己的遭遇。那么我自己呢？想当初，我也只是一个两手空空的穷书生呀，在我身无分文的时候，我不也照样可以好好地活着吗？安迪森顿时醒悟，没什么大不了的，从头再来就好了。

回到家，安迪森很快就将痛苦抛在脑后，第二天，他拿出饱满的热情动身去了阿拉斯加。当其他石油公司都心灰意冷地离开时，安迪森对当地地质构造进行了科学分析，凭着自己的信心和毅力，他开始

利用一口被放弃的井研究石油。没过多久，他就赚回了失意后的第一桶金，因为他发现了一个在当时储藏量最为丰富的油田。不久之后，在美国石油大亨的行列里，安迪森占据了显要的位置。

古语道："塞翁失马，焉知非福。"世间的事情不存在绝对的好坏，任何事情的好与坏总是相对的。我们有时难以区分一件事究竟是好还是坏。当人面对一件所谓的坏事时，只要肯从积极的一面发掘它的对立面，就能平安度过。有时，相同的事在不同的人的眼里好与坏的评价也不同。遇事应多转变自己思维的角度，只有善于总结经验，才能具备将坏事转变为好事的能力。

生活中有不少人对什么事情都抱着悲观的态度，每当遇到困难时，就归因于自己运气不好，认为事情没有转机了，于是放弃了再次努力的念头，也不采取任何措施，任由它一直坏下去。若抱着这样的心理，生活只会变得越来越糟，即使遇到挫折也不会出现转机。反之，哪怕是再坏的事，只要经过不懈的努力，就有可能向好的方向发展。

俗语云："心中有佛，眼里皆是佛；心中有魔，眼里皆是魔。"无论遇到怎样的艰难险阻，我们都应该学会居危思变，把坏事转变成好事。因为好事在出现前都是要付出努力的。哪怕你有再好的条件，若总等天上掉馅饼，你也将一事无成。①

---

① 邓峰.情绪掌控术［M］.汕头：汕头大学出版社，2014：343–344.

（二）"73855"定律，教你如何让孩子"听话"[①]

案例2：

一位朋友，平时工作非常忙，白天让阿姨帮忙带孩子，晚上下班回到家自己哄孩子。一天，朋友一脸疲惫地说道："管孩子怎么就那么费劲呢？每天晚上我都因为催孩子睡觉，弄得孩子不愿意，我也一肚子气。"原来，孩子经常晚上坐在沙发上看动画片，说好的8点关电视，去洗漱睡觉，到了规定时间，孩子就是不执行。妈妈上班非常累，下班回来要陪孩子玩，还要天天为孩子按时睡觉，反复催促好几次。妈妈免不了冲孩子嚷嚷。

这个场景很多父母可能都经历过。妈妈反复催促，孩子还是不肯去睡觉。接下来一般会出现两种情况。一种情况是，孩子看电视正在兴头上，完全听不进去妈妈的话，又哭又闹，吵着还要继续看动画片。妈妈就会更暴躁，发更大的火，简单粗暴地直接把电视机一关，"拎"着孩子就回屋了。另一种情况是，孩子被妈妈生气的样子和暴躁的吼叫吓到了，心里很委屈，但也不敢顶撞，蔫蔫地、很不开心地回屋了，带着糟糕的心情入睡，甚至会记恨妈妈。无论孩子是哪一种反应，他的心情都是非常不好的。即使孩子睡觉去了，妈妈看似"胜利"，但其实妈妈和孩子之间进行了一次非常失败的沟通。

父母要想教育好孩子，深入了解孩子，塑造他的价值观，引导他建立良好的生活习惯和学习习惯……这一切都需要有效的沟通才能

[①] 王小骞.妈妈知道怎么办[M].长沙：湖南教育出版社，2020：25-26.

实现，父母不能以牺牲亲子关系，"压迫"孩子去执行。沟通，是父母完成教育引导首先要完成的工作，如果这个工作失败了，那么所有的目标，即使有一时的作用，也无法持续长效。不懂沟通，一切的期许都是一厢情愿；不会沟通，我们对孩子的爱很可能变成伤害。沟而通，一通百通；沟而不通，不通则痛。沟通，有道，有术，充满奥秘，不是张嘴说话那么简单。

有一条关于沟通的定律，即著名的"73855定律"。这条人际沟通定律由美国心理学家和传播学家艾伯特·梅拉比安提出，被广泛用于职场培训，后来也被用于家庭教育中。73855，即7%+38%+55%=100%，7%是说话的内容；38%是讲话时的语气；55%是沟通中的态度，包括动作、表情等。就是说，人际沟通效果，55%是由态度、肢体语言、面部神情以及穿着仪表是否恰当、得体决定的；38%是由语气、口吻决定的；只有7%来自我们说话的内容。

这和之前我们认为的沟通技巧有很大的不同，我们总是习惯于把注意力放在说话的内容上，而忽略了很多语言内容之外的东西，而这些在沟通效果中占比高达93%！通常父母和孩子说话的时候，都聚焦在说话的内容上，对态度、语气并不在意，不耐烦、否定、责怪是"常事"，难怪孩子听不进去父母的意见。很多父母脾气一上来，怒目圆睁，青筋暴跳，大声责问，有时甚至使用暴力手段，语气中充满责备不满，孩子完全没有心思去听父母讲的是什么，所有的劲儿都使在了对付和招架父母的糟糕态度和暴烈脾气上。

前面的小孩不肯按时睡觉案例中，可以这样处理，结果就大相径庭：时间已经到晚上8点钟，孩子还在看着电视，妈妈可以慢慢地走到孩子身边，摸着孩子的头，用非常柔和的语气对孩子说："宝贝，咱俩刚才是不是说好了，看电视看到8点就去睡觉，你看，现在已经8点了，那你是不是要说话算话呢？"如果妈妈用这样的态度和语气与孩子进行沟通，沟通的难度会降低很多。即便孩子对他心爱的动画片放不下，心里可能也会想："是哦，我已经和妈妈约好时间了，现在已经超时了，我该去睡觉了。"当然，他还可能再争取一下："看完这一集，行不行？"无论怎样，母子间的这次沟通都不会出现鸡飞狗跳的状况。

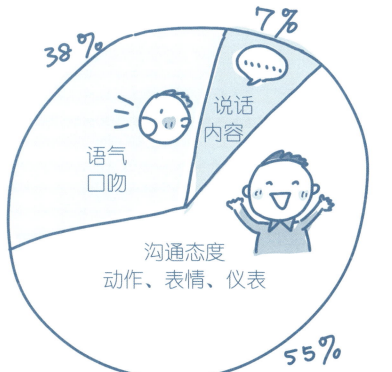

夫人息怒！第一句话往往决定着沟通的成败。

所以，如果想让亲子沟通更有效，父母应当做到以下两点：首先，和孩子沟通时，父母的神态、表情要保持平静，态度温和；肢体语言也要注意，不能摔摔打打，夹带火力。其次，和孩子沟通时，父母的语气、口吻要保持平和，尤其是说出口的第一句话往往决定着本次沟通的成败。哪怕孩子做了让父母再生气的事，也不能上来就发火。

第13章

如何处理情绪
——从心的层面解决（一）

前面几章从表象的层面和理的层面来处理情绪。然而就像马克思主义哲学所说，每一个问题均有它的现象和本质。这两个方法固然有效，但它很难探寻导致一个人产生不良情绪的根本原因，即使你认为能找到，也不一定正确，你也不一定能反驳成功。我们还有很多内在的不合理理念存在于潜意识中。有时候，你自己都很难说清楚为什么就突然产生不良情绪了，这就是潜意识里不合理理念的作用。

下面从心的层面解决情绪问题。要想探究事情发展的本质，发现情绪问题的根本，我们需要修行，即修炼你的行为。一个人来到这个世界时的心灵就像是个毛坯房，有的人把它装修得富丽堂皇，有的人把它搞得千疮百孔。有的人的灵魂就相当于是在泥泞的地面上爬行，爬得很累，不停地抱怨。有人提醒他，你为什么不抬头看看漫天漂亮的繁星呢？可是他说，我哪有时间看天上的繁星，都快累死了。这就注定了他会一直在泥泞地面上爬行，因为他只顾低着头，却从不抬头看天。所以，我们的心灵最终被修炼成什么样，这

取决你自己。那么，我们该如何修行呢？

一、改变习惯

案例1：

有一位太太请客。大家围着桌子坐着，在桌前痛吃畅饮。忽然，女主人把女佣叫来，低声吩咐了几句话。女佣听后面色十分难看，急忙跑了出去。不一会儿，女佣端了一杯热牛奶进屋，匆匆穿过客厅，把牛奶放在了阳台上。客人都觉得很奇怪，可女主人仍然有说有笑。又过了一会儿，女佣赶紧将阳台的门关得紧紧的，长长地松了一口气。女主人说："好了，我们现在都没事了。"

客人问女主人到底是怎么一回事，她说："刚才一条眼镜蛇藏在我们的桌子下面，不过，现在我已经把它关在门外了。"客人们都吓了一跳。女主人说："眼镜蛇来的时候，我不敢打草惊蛇，也不敢告诉你们，只好假装没事儿。得知眼镜蛇喜好牛奶，所以我让女佣把一碗热牛奶放在阳台上。它闻到牛奶味就会跟过去。女佣看见眼镜蛇去阳台上喝牛奶了，便将它锁在阳台上。"

一位客人说："那你是如何知道眼镜蛇在桌下的呢？"她说："我能不知道吗？眼镜蛇就盘在我的脚上呀！"

另一位客人说："你怎么不向我们求助呢？"她说："我一喊，你们大家就会慌乱起来。大家一动，蛇受了惊，只要咬我一口，我就一命呜呼了。"

如果当时女主人不够镇定，而是惊恐求救，那么大家一定会被恐惧所俘虏，结局可想而知。如果一个人不够镇定，情绪很快就会扩散给大家。

生活中，我们都会遇到意外，这时，只有保持镇定，冷静分析，才能选择有效的解决方式，并且把这种镇定的情绪传递给其他人，有益于帮助自己与他人脱离困境。反之，如果遇事乱作一团，只会让镇定的人慌乱、慌乱的人更加恐慌，悲剧就可能发生了。那么，我们到底应该如何保持镇定，并将这种镇定传染给他人呢？

（1）自我控制。

无论哪一类突发事件，都会对我们的身心产生巨大的冲击与震撼，使大部分人处在强烈的焦躁或恐惧之中。只有控制好自己的情绪，保持沉着冷静、镇定自若，才有利于及时解决突发事件。

（2）多接触总是很镇定的人。

一个人习惯的养成总是受环境的影响，如果想让镇定常伴你左右，就要多接触那些镇定的人，接受那些稳定情绪的感染，增强情绪自我镇定的能力。这样一来，在不知不觉中你就会变得更加淡定。

（3）多做一些准备。

如果我们希望自己变得镇定一些，就要多多练习。当然，我们不能制造出一些危机事件来让自己练习，但是可以经常想象在危急中如何临危不乱，有准备总比没有准备更有信心、更镇定一些。看看身边那些临危不乱的人，哪一个没有经历风雨？哪一个不是历练深厚？我

们应该从他们身上吸取经验,多做准备。

(一)改变饮食习惯

大多数人总是生活在习惯中,很多情况下我们活出的是习惯模式,而不是正确模式。有好的习惯,也有坏的习惯,如果一个人的生命状态不够完美的话,那说明这个人有些习惯需要改变。人的习惯是一个整体,形成了一个系统,只要你改变了其中一个,这个系统就会被打乱,所以不要纠结到底改变哪一个习惯。过去的习惯,导致现在的结果,如果你想在未来有新的结果,就要改变当前的习惯。

我们可以从哪些习惯开始改变呢?首先,改变你的饮食习惯。少吃大鱼大肉。因肉类吃得多,你获得的生命能量就多,生命能量多就容易产生情绪问题。如果你能培养并坚持多吃素的习惯,你会慢慢培养出一颗慈悲的心。总之,无论从健康角度,还是从生命能量的角度,建议大家改变饮食习惯,多吃素。

如果能吃素,你会慢慢培养出慈悲心。

我坚持吃素近十年了,
导致现在我在路上走着,
如果看到一只小蚂蚁,
我都踮着脚尖绕着它走,
生怕踩死它。

> 知识链接

易怒的人吃什么[1]

中医理论认为："肝为刚脏，喜条达而恶抑郁，在志为怒。"这句话的含义是：肝是刚强的、急躁的脏器，喜欢舒畅柔和的情绪，最不喜欢压抑自己的情绪，其情绪表现主要为发怒。所以，如果你是个易怒的人，那么与你的肝有关系，主要表现为肝郁气滞、肝火上火、脾虚肝乘三种症候。

肝郁气滞所致的善怒，同时还表现为爱叹气、胸胁胀痛或串痛等症状。肝郁气滞症多因郁闷、精神受到刺激所致。肝郁气滞引起的善怒，首先要通过精神养生的方法调节神志和情志，并针对病因采取疏导的方法进行治疗。我们在饮食上也需要注意，多吃如芹菜、茼蒿、西红柿、萝卜、橙子、柚子、柑橘、香橼、佛手等，这些都是对治疗肝郁气滞有帮助的食物。

肝火上火症所致的善怒，同时还伴随着爱睡觉、目赤肿痛、口苦口渴等症状。肝火上火症的病因多因肝气久郁，或吸烟喝酒过度，或因过食甘肥辛辣之物所致。肝火所引起的喜怒，除应戒烟限酒、忌食甘肥辛辣的食品外，还要多吃些泻火的食物，如苦瓜、苦菜、西红柿、绿豆、绿豆芽、黄豆芽、芹菜、白菜、包心菜、金针菜、油菜、丝瓜、李子、青梅、山楂及柑橘等。

---

[1] 邓峰.情绪掌控术［M］.汕头：汕头大学出版社，2014：315.

脾虚肝乘症所致的善怒，伴随的症状有疲乏、食少腹胀、两肋胀痛、大便稀溏等。脾虚肝乘症多因脾气虚弱、肝气太盛，影响肺的正常运行。脾虚肝乘症引起的善怒要以健脾理气为主，饮食上也要多加注意，如以扁豆、高粱米、薏米、荞麦、栗子、莲子、芡实、山药、大枣、胡萝卜、包心菜、南瓜、柑橘、橙子等食物为宜。当然，不光易怒的人需要吃以上的食物，处于怒火中的人也不妨用这些食物来通通气、静静心。日常生活中减少盐和糖的摄入，少吃零食，不失为一种有效的途径。

攻击性强的人吃什么[①]

钙这种矿物质在轻度缺乏的时候是不易觉察的，钙好像母亲、麻醉药和氧气，对人有安慰和镇定作用。虽然99%的钙都存在于身体的骨骼和牙齿中，但是如果神经和软组织中缺乏钙，就会使我们的生活变得很痛苦。

钙可以帮助神经进行传导，当缺乏它时，会导致我们的神经一直处于紧绷状态，脾气急躁，工作无效率，而易怒的脾气、冒失的举动，则会使别人讨厌。一个16岁的男孩因钙质缺乏，脾气特别暴躁，总是在学校无端生事，医生给他吃了足够的钙后，他母亲在一个月后高兴地对医生说："谢谢你，我儿子的脾气终于不那么暴躁了。"由试验中测知，如果身体中的钙含量非常多，再吃大量的维生素D，镇定

---

① 邓峰.情绪掌控术［M］.汕头：汕头大学出版社，2014：319.

的效果可达到昏睡的程度，能使我们彻底放松下来。

很多家长都非常重视婴儿的补钙。正在发育的年轻人其实也特别需要大量的钙和镁，如果缺乏，他们的性情会十分暴躁并且有多动的倾向。初潮泛红以前的少女，如果血液中的钙含量特别低，神经无时无刻不在紧绷中，出现失眠症状或牙齿易蛀，而且脾气也坏得令人难以容忍。如果她们能做到在饭前饭后都食用一杯牛奶，她们的脾气和性格就会有显著的好转。当然，还需补充维生素D，这样钙能更好地被吸收。

减轻更年期妇女情绪反应的食物[①]

一般而言，女性在45岁以后，随着卵巢功能减退，会出现月经紊乱直至完全停经，这就是更年期阶段。有些妇女到更年期的时候，由于卵巢功能的减弱以至消失，机体内雌激素含量降低，出现阵发性发热感（潮热）、夜盗汗，性情容易变得极其暴躁并且伴随着更年期综合征。

科学家研究发现，食用豆制品的妇女可以减轻更年期综合征。这主要是由于大豆中含有植物雌激素，此激素与人体中产生的雌激素在结构上相似，所以，处于更年期的妇女应常吃豆制品，使豆制品成为激素补充疗法的替换物，给体内提供植物雌激素。其作用胜过激素归

---

① 邓峰. 情绪掌控术 [M]. 汕头：汕头大学出版社，2014：320.

还疗法，而且一般没有副作用。

此外，大豆及其制品对皮肤干燥、粗糙、头发干枯等问题有着很好的帮助作用。大豆脂肪中的不饱和脂肪酸比例较大，它与我们的皮肤有着密切相关的作用。长期缺乏不饱和脂肪酸，尤其是亚麻酸，会使我们的皮肤暗沉、粗糙，出现皮疹，头发干枯易折。不饱和脂肪酸供应充足时，皮肤有弹性，头发油光发亮。大豆脂肪中亚麻酸含量丰富，多吃大豆制品可提高皮肤新陈代谢的能力，进而使我们的肌肤达到良好的状态。大豆中的皂苷可阻止脂质过氧化所引起的皮肤疾病。因此，如果我们多食用大豆制品，便可以减少皮肤病的发生。大豆中的磷脂有净化血管的作用；同时，它还有利尿的功能，可使体内毒素迅速排出体外。这些保健功能也可以使更年期的妇女情绪更加稳定。

缓解抑郁的食物[①]

有研究者专门针对饮食与抑郁之间的关系进行调查，发现在鱼类消费量最多的国家，抑郁症的发病率最低，自杀的发生率也最低；而那些不怎么吃鱼的国家，抑郁症的发病率相当高。

虽然说吃鱼能缓解抑郁，但是也要注意以下事项：

首先，慎食冷藏鱼。冷冻并不能终止鱼的变质，鱼在变质过程中会产生一种胺，这种胺与胃中的含氮物质结合，就可能诱发癌症。因此，慎食冷藏鱼。

---

① 邓峰.情绪掌控术［M］.汕头：汕头大学出版社，2014：318.

其次，慎食鱼头和鱼子。科学研究表明，鱼头里有大量血管，鱼子在鱼腹里，周围也布满了血管，而这些正是农药残留最严重的地区。鱼头和鱼子中，农药残留量高于鱼身肉的5～10倍。因此，我们应改变吃鱼头和鱼子的习惯。

再次，水受到污染的鱼千万不能食用。目前，我国不少水域被工业废水中的汞、铅、镉等重金属元素和高残留的农药所污染，吃了生长在这里的鱼，轻则慢性中毒，重则危及生命。那如何识别被污染的鱼？有以下五招：

（1）看鱼形。

污染较重的鱼，鱼形十分奇异，头大尾小、脊椎弯曲，或尾椎弯曲僵硬，或头特大而身瘦，或尾巴十分长而鱼鳍十分尖。这种鱼含有铬、铅等有毒重金属。

（2）观全身。

鱼鳞部分脱落，鱼皮发黑，尾部灰青，有的肌肉出现绿色，有的鱼肚膨胀。这是铬污染或鱼塘大量使用碳酸铵化肥所致。

（3）辨鱼鳃。

有些鱼表面看起来毫无异常，但鱼鳃不光滑、较粗糙，呈红色或灰色，大多也是受到污染的鱼。

（4）瞧鱼眼。

有的鱼体形、鱼鳃看上去虽然都很正常，但是双眼浑浊，没有光泽，有的鱼眼球甚至明显向外突起，这也是受到污染的鱼。

（5）闻鱼味。

凡是被污染的鱼都有一种十分怪异的味道。

（二）养成锻炼身体的习惯

身体是自己的，当你发现自己掌控不住身体时，你就会产生很多恐惧感。老子曾经说过，吾所以有大患者，为吾有身。意思是我之所以有紧张、恐惧、愤怒的情绪，都是因为我有这个身体的存在。如果有一天我可以掌控自己的身体，我就不会有这么多恐惧、焦虑的情绪了。所以，我们可以从培养锻炼身体的习惯开始。可能一开始你只能做10个俯卧撑，但几天之后就能做到20个俯卧撑，这就是你在慢慢地掌控自己的身体。当你逐渐拥有掌控自己身体的能力时，你就可以掌控自己的灵魂。培养锻炼身体的习惯并不难，其实你只要坚持做一两项运动就可以了。

不少人都有这样的感觉：当感到压力大的时候，就想运动，然后在出一身汗后，感觉心里轻松不少。其实，这便是通过运动来宣泄压抑的情绪。无论是在健身房运动，还是在家中运动，无论是与同龄人游戏，还是与小孩游戏，只要能动起来，就有助于我们把负面情绪释放出去。科学研究成果也明确表明，运动可以缓解生气或被威胁时的压迫感，将负面情绪排出体外。

运动有利于自己从诸多的生活或工作的事情中解脱出来，使自己得到短暂的放松。一些运动，如拳击、有氧搏击、动感单车等，可以

让人发泄压力。一个人骑自行车或者进行锻炼，能让自己在运动中获得独处的反省机会。

📎 知识链接 2

减压，不妨尝试这些运动

1. 瑜伽

瑜伽是比较适合用来减压的运动方式。它主要通过呼吸和伸展的方式调节我们的情绪，解除因生活节奏快而带来的紧张压力。从生理的意义上说，瑜伽能使人心神平静，纠正精神的不安宁和感情的紊乱，从而保证我们有健康的身体和充沛的精神。

2. 空手道

空手道也是发泄情绪的方式之一，同时还可以减轻压力。再加上这种运动教会人如何自我保护，因而让人更有安全感。所以，在通过自己的努力战胜对手的时候，不但有成功的自我满足感，而且会使人的心理倍感轻松。

3. 游泳

游泳是现代人喜欢的运动项目之一。当人浸泡在水中时，会感到格外舒服，这种心理上的感觉可以使人们的压力减少许多。游泳的减压效果虽然不如瑜伽，但也是一种不错的办法。

4. 走路

由于很多人不能抽出足够的时间专门进行运动，因此走路成了一种经济、简单的减压方法。更主要的是，在走路的同时并不影响人思考，所以，走路成为一种宣泄情绪、促人反省的减压运动，它的减压效果不亚于上面介绍的那些方式。

当然，还有许多其他的减压方式，这里只介绍了几种运动。我们可以根据自己的喜好和个人条件选择适合自己的减压运动。

（三）改变说话的习惯

生活中曾听到有人说过："哎呀，这下惨了！""哎呀，这下死定了！""哎呀，考不上大学该怎么办哦。"这些说话习惯无形中

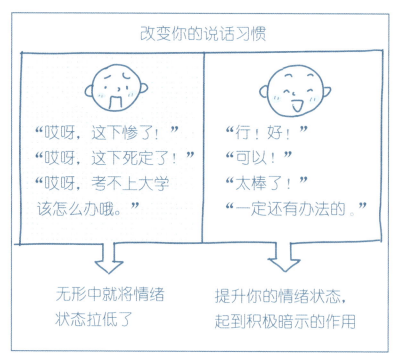

拉低了情绪状态。我们要多说:"行!好!""可以!""太棒了!""一定还有办法的。"……这些话语可以提升你的情绪状态,也可以起到积极暗示的作用。

语言功能是人类独有的高级功能,它是人们交流思想的工具。语言的暗示对人的心理乃至行为会产生奇妙的作用。在被不良情绪压抑的时候,可以通过语言的暗示作用来调整和放松心理上的紧张状态,使不良情绪得以缓解。比如,在发怒的时候,就重述一下达尔文的名言:"人要是发脾气就等于在人类进步的阶梯上倒退了一步。愤怒以愚蠢开始,以后悔告终。"

或者用自编的语言暗示自己,如"不要发怒。""别做蠢事,发怒是无能的表现。""发怒会把事情办坏的。""发怒既伤自己又伤别人,还于事无补。"。还可以在家中或单位悬挂字幅暗示自己。例如,禁烟英雄林则徐为了控制自己暴躁的脾气,便在中堂挂了上书"制怒"的大字幅,随时提醒自己。在忧愁满腹时,则可以提醒自己"忧愁没有用,要面对现实,想出解决办法",等等。在松弛平静、排除杂念、专心致志的情况下,进行这种自我暗示,往往对情绪的好转有明显的作用。

人是习惯的动物,是生活在一连串的习惯当中的。习惯是人逐渐养成的,我们要改掉那些对我们不利的不良习惯,但改变习惯并不是件很容易的事情。改变习惯最好的办法是什么?有人说用另外一个习惯来取代原来的习惯,这是最容易的。例如,抽烟的人,要他戒烟实在很难,所以有人就会买一个假的烟斗,慢慢取代那个真实的香烟。还有人买一包自己最喜欢抽的香烟,放在口袋里,自己闻得到、看得到、

第13章 如何处理情绪——从心的层面解决(一)

215

拿得到，但就是不抽，这种人最了不起，很有毅力。也有人说：我要戒烟了，你们不能抽，你一抽我也要抽，不能让我看到。这种人是永远戒不掉的，因为他没有面对问题的勇气，没有坚忍不拔的决心。

对任何习惯，我们不要用对抗的心情去看它，不要用厌恶的心情对它，要去尊重它，要用更好的方法、更好的日子去取代它。

二、修炼正念

一个人的内在有很多念头，有正面念头或正面信念，也有负面念头或负面信念。我们要多找找正面念头。千年幽谷，一灯照亮，这个道理告诉我们多修炼那些正面念头，你的负面念头自然而然就消失了。该如何修炼正面念头呢？

（一）多读正面语录

什么是正面语录？通俗地讲，自己给自己洗脑。很多人一听到洗脑就紧张、害怕。其实大可不必，洗脑有干净的洗脑，也有肮脏的洗脑，这里所讲的洗脑是把正确的观念洗进去，把错误的观念洗掉的过程。例如，我们经常对孩子讲：学习不是万能的，但不学习是万万不能的。经常说这句话，那孩子的大脑中就慢慢形成了学习的观念。

（二）多听正能量的声音

声音是有能量的，找到一段正能量的话语，你可以读给自己听，也可以在读书工具上搜索相关朗读音频。

（三）给自己立一个正念

如给自己立下一个念头：做感动中国的教育。当立下这个念头之后，每天重复这句话，头脑里自然就会出现"做感动中国的教育"了。

（四）积极地自我暗示

积极地自我暗示，是对某种事物做有利、积极的叙述，是情绪的正面表达。进行肯定的练习，能让我们开始用一些更积极的思想和概念来替代我们过去陈旧的、否定性的思维模式，这是一种强有力的技巧，一种能在短时间内改变我们对生活的态度和期望的技巧。

自我暗示有很多种方法：可以默不作声地进行，也可以大声地说出来，还可以在纸上写下来，更可以歌唱或吟诵，每天只要坚持10分钟有效的肯定练习，就能抵消我们许多年养成的思想习惯。[1] 归根到底，就是一种积极心态在起作用。

案例 2：

摩拉里在很小的时候，就梦想站在奥运会的领奖台上，成为世界冠军。1984 年，一个机会出现了，他在自己擅长的项目中，成为全世界最优秀的游泳者。但在洛杉矶奥运会上，他只拿了亚军，梦想并没有实现。

他没有放弃希望，仍然每天在游泳池里刻苦训练。这一次目标

---

[1] 邓峰. 情绪掌控术 [M]. 汕头：汕头大学出版社，2014：271.

是1988年韩国汉城（今首尔）奥运会金牌，他的梦想在奥运预选赛时就烟消云散了，他竟然被淘汰。带着对失败的不甘，他离开了游泳池，将梦想埋于心底，跑去康奈尔大学念法律专业。在以后的三年时间里，他很少游泳。可他心中始终有股烈焰在熊熊燃烧。离1992年夏季奥运会不到一年的时间，他决定孤注一掷。在这项属于年轻人的游泳比赛中，他算是高龄者，就像拿着枪矛戳风车的现代堂吉诃德，想赢得百米蝶泳的想法简直愚不可及。

这一时期，他又经历了种种磨难，但他没有退缩，而是不停地告诉自己："我能行。"在不停地自我暗示下，他终于站在世界泳坛的前沿，不仅成为美国代表队成员，还赢得了初赛。他的成绩比世界纪录只慢了一秒多，奇迹的产生离他仅有一步之遥。决赛之前，他在心中仔细规划着比赛的赛程，在想象中，他将比赛预演了一遍。他相信最后的胜利一定属于自己。

比赛如他所预想，他真的站在领奖台上，颈上挂着梦想的奥运金牌，心中无比自豪。摩拉里没有被消极思想所打败，在艰苦的环境中，他不断地进行积极的自我暗示，终于打破常规，获得奇迹般的胜利。①

自我暗示是世界上最神奇的力量，积极的自我暗示往往能提升人的情绪力量，唤醒人的潜在能量，使人提升到更高的境界。

---

① 王非庶.人生是一种态度［M］.北京：光明日报出版社，2012：26

三、认、找、感、知

首先,认,要做到认不是,即认识自己的不足或错误。一方面,要从自己身上找原因。很多人有情绪时,总认为是别人的过错。其实正是这些人最容易有情绪。有人说,经常"认不是"会不会导致自卑?不会!真正能做到认不是的,不但不自卑,而且自信,因为只有自信的人才能够做到认不是。人生就是充满缺陷的旅程。没有缺陷,就意味着圆满,绝对的圆满便意味着没有希望,没有希望、追求,便意味着停滞。正因为有了残缺,我们才有梦想,才有希望。"完美"只是一个目标,唯有通过每一次的"完成"才能使工作、生活趋于完美,不要让"完美主义"阻碍"完成"的脚步。人的很多情绪、烦恼,就是因为放不开完美、完整与精确的心理需求。所以,如果你是完美主义者,建议你变成"完成主义者",不要过分在乎成果,也不要管别人的批评,只要开始行动,完成一分的成果,你定能收获九分的快乐。

另一方面,也要善于发现自己的优点。每个人都不会一无是处,人人都潜藏着独特的天赋,这种天赋就像金矿一样埋藏在看似平淡无奇的生命中。对于那些总是羡慕别人、认为自己一无是处的人,是挖掘不到自身的金矿的。

在人生的坐标系中,一个人如果站错了位置——用他自己的短处而不是长处来谋生的话,那是非常可怕的,他可能会在自卑和失意中沉沦。只有抓住自己的优点,并加以利用,才可能成功。每个人都有自己的特长、优势,要学会欣赏自己、珍爱自己、为自己骄傲。没

有必要因别人的出色而看轻自己，也许，你在羡慕别人的同时，自己也正被他人羡慕着。

每个人身上都有优点与缺点，但人们在羡慕别人的同时，却很容易忽略自身的优点。有些人对自己的缺点耿耿于怀，却不知道自己身上的优点。我们在拥有优点的同时，总会在某些方面不如别人。每个人活在世上，受各种因素影响，都会有各种不足的地方，如果因此而失去自己的人生定位及目标，无疑是可悲的。

其次，找，找好处，指和别人相处时，找到别人的好处；在修炼自己的过程中，找到自己的好处。有人会说，我周围的人都是烂稻草，我怎么去找他们的好处？物以类聚、人以群分。如果你觉得周围的人都这么烂，那你自己是什么人呢？你就是草包，被烂稻草包围的人。那反过来，如果你发现周围的人都是宝，那你是什么？当然是聚宝盆。看人优点是聚灵，看人缺点是收赃。"聚灵"是收阳光，心里温暖，能够养心；"收赃"是存阴气，心里阴沉，就会伤身。当你评判时，指责外在人事的不足、宇宙的不公时，你就在给自己的生命收赃。

这其实是你企图通过注意力转移和对外的宣泄来掩饰你内在的不适，因为你之外的一切都是一面镜子，你评判的正是你自己。所以，用爱停止评判，用心接受自己，你的烦恼和不足就会慢慢消失。

再次，感，感恩情。感谢磨难，它们让你更加坚强；感谢对手，是他们激发了你的潜能；感谢欺骗你的人，是他们增进了你的智慧；

感谢你所拥有的，这山更比那山高；感恩父母，别以为父母的付出理所当然。

最后，知，知因果。

拓展阅读

（一）感恩过往的经历，建立自我价值认同感

带给人不舒服和痛苦的经历是个很厉害的两面派，如果我们对它排斥、对抗，它会回馈你更多更强烈的对抗；假如我们愿意重新认识、了解、靠近、接纳它，它也会慢慢对你和颜悦色，发挥它天使的一面，给你的生活带来精彩！

感恩那些让我们经历不顺的人与事，它们都是生命的阶梯，也都是化了装的命运的祝福和助力，只是当时的我们心智有限，不能领悟。随着心灵的成长，我们慢慢学会了接纳和等待，等待岁月揭开命运的谜底，相信一切都有上天的美意！带着恐惧和担忧的人常常盯着外界，伸手去要，最终身心疲惫，却忘了我们原本可以自给自足。每个人都有足够的智慧、力量和爱让自己的生命更加精彩，关键是要懂得发现和创造。①

（二）改变习惯——把最重要的事情放在前面

案例3：

萨缪尔森教授在给即将毕业的MBA班的学生上最后一次课。② 令学生们不解的是，讲桌上放着一个大铁桶，旁边还有一堆拳头大小的石块。"我能教给你们的都教了，今天我们只做个小小的测验。"教授把石块一一放进铁桶里。当铁桶里再也装不下一块石头时，教授停了下来，问："现在铁桶里是不是再也装不下什么东西了？""是。"学生们回答。"真的吗？"教授问。

随后，他不紧不慢地从桌子底下拿出了一小桶碎石。他抓起把碎石，放在已装满石块的铁桶表面，然后慢慢摇晃，然后又抓起一把

---

① 海蓝博士. 不完美，才美Ⅲ：做自己情绪的主人[M]. 北京：北京联合出版公司，2019：199–200.

② 之洞. 一只铁桶的空间[J]. 世界中学生文摘，2004（3）：55.

碎石……不一会儿，这一小桶碎石全装进了铁桶里。"现在铁桶里是不是再也装不下什么东西了？"教授又问。"还……可以吧。"有了上一次的经验，学生们变得谨慎了。"没错。"教授一边说，一边从桌子底下拿出一小桶细沙，倒在铁桶的表面。教授慢慢摇晃铁桶。大约半分钟后，铁桶的表面就看不到细沙了。"现在铁桶装满了吗？""还……没有。"学生们虽然这样回答，但其实心里没底。"没错。"教授看起来很兴奋。

这一次，他从桌子底下拿出一罐水。他慢慢地把水往铁桶里倒。水罐里的水倒完了，教授抬起头来，微笑着问："这个小实验说明了什么？"一个学生马上站起来说："它说明：你的日程表排得再满，你也能挤出时间做更多的事。""有点道理，但你还是没有说到点子上。"萨缪尔森教授顿了顿，说："它告诉我们：如果你不是首先把石块装进铁桶里，那么你就再也没有机会把石块装进铁桶里了，因为铁桶里早已装满了碎石、沙子和水。而当你先把石块装进去，铁桶里会有很多你意想不到的空间来装剩下的东西。在以后的职业生涯中，你们必须分清楚什么是石块，什么是碎石、沙子和水，并且总是把石块放在第一位。"

最没有效率的人就是那些以最高的效率做最没用的事的人。总是做重要且紧迫的事的人，常常有很多的剩余时间。做完"正事"之后，他们有相当多的时间去做"重要而不紧迫""不重要且紧迫"甚至"不重要且不紧迫"的事，就像装石块的铁桶里有意想不到的剩余空间来装碎石、沙子和水。要集中精力在能获得最大回报的事情上，别浪费

时间在对成功无益的事情上。

（三）求助他人

自己做不到的事，可以委托他人。假定一个人能力不足，他可以请一个比自己能力强的人来做。比如一个老板用比自己能力强的人，说明这是一个好老板；如果他所用的人都不如他，那他的公司迟早会关门。每个人都有自己的专长，人各有生存的条件和能力，所以不必苛求自己。

培根说过：如果把你的苦恼与朋友分担，你就剩下一半的苦恼了。不良情绪仅靠自己调节是不够的，还需要他人的疏导。人的情绪受到压抑时，应把心中的苦恼倾诉出来，如果长时间地强行压抑不良情绪的外露，就会给人的身心健康带来伤害。特别是性格内向的人，光靠自我控制、自我调节是远远不够的，可以找一个亲人、好友或可以信赖的人倾诉自己的苦恼，以求得别人的帮助和指点。

在很多情况下，一个人对问题的认识往往是有限的，甚至是模糊的，旁人点拨几句，会使你茅塞顿开。这时人家即使不发表意见，仅是静静地听你说，也会使你感到很大的满足。别人的理解、关怀、同情和鼓励，更是心理上的极大安慰，尤其当遭受人生的不幸或严重的疾病时，更需要别人的开导和安慰。将自己的忧愁和烦恼倾诉出来，不但会保持愉快的情绪，而且会增进人际交往，令你感觉到自己生活在爱的怀抱中。

（四）培养加法思维

加法思维是人们形成正向思维的有利指导，推动人们从积极乐观的角度看待问题，看到自身所拥有的东西，当面临诸多不幸、压力、烦恼等不良情绪的困扰时，能够让我们感受到生活中的阳光。

加法思维是极为重要的思维方式之一，日本著名医学博士春山茂雄曾写过一本畅销书——《脑内革命》[①]，其中主要论点是鼓励人们在职场中进行加法思维的训练。比如当你在公司加班时，要想这是公司离不开你的表现；被老板教训了，要想这是在考验自己的忍耐力和精神修养的时机……运用加法思维可以保持开阔的心境和愉快的情绪，有助于促进问题的顺利解决。

有很多人，一生都在运用减法思维：当他20岁时，他认为自己失去了童年；当他30岁时，他认为自己失去了浪漫；当他40岁时，他认为自己失去了青春；当他50岁时，他认为自己失去了幻想；当他60岁时，他认为自己失去了健康。但他偏偏不去把握当下，把握今天！岁月的流逝必然带走许多美好的东西，但同时也会给我们带来许多独特的体验和收获。

试想，如果运用加法思维，去把握当下的美好，必然会有不同的心态：20岁的自己正拥有着令人羡慕的火热青春；30岁的自己正当壮年，应当为自己的才干和经验而自豪；40岁拥有成熟的人格魅力；50岁因人生的丰富多彩而在精神上富足；60岁的自己可以享受退休后的天伦之乐。

---

① ［日］春山茂雄.脑内革命［M］.赵群，译.南京：江苏文艺出版社，2011.

通过认识当下的加法思维，我们可以每一天都觉得很美好。同样是一生，运用减法思维，越减越少，导致生活充满危机与压力；而运用加法思维，越加越多，可以使自己保持满足与欢乐。

人生活的周边的环境从本质上说是中性的，是人给它加上了或积极或消极的价值，问题的关键是你选择哪一种。加法思维正是从平凡的生活经历中获取积极的体验与幸福生活的关键。得到亦失去，失去亦得到，在分析问题、解决问题时选择加法思维方式，多看自己所得到的，少看自己所错失的，才能形成良好的心态。

第 14 章
如何处理情绪
——从心的层面解决（二）

一、训练觉知

虽然许多人对情绪到底是如何产生的也有一定认识，知道情绪的来源，也懂得不应该随意产生不良情绪，但是在生活中还是会产生不良情绪，该怎么办才好呢？

其实，不用着急，每当你产生不良情绪时，内观觉察自己：为什么会产生不良情绪？到底是哪件事情刺激到我了？我当时是如何理解这件事情的？觉察的过程就是帮助你找到不合理信念的过程，自我觉察的过程非常重要。这也印证了一句话："不怕念起，就怕觉迟。"学会忏悔、静静地观察自己。每当觉察完，下次你再遇到同样或类似的事件，让你产生不良情绪的力量就会越来越小。自我觉察不一定要在情绪产生之后才进行，每天都可以静坐一会进行自我觉察，回顾一天的情绪问题，有则改之，无则加勉。

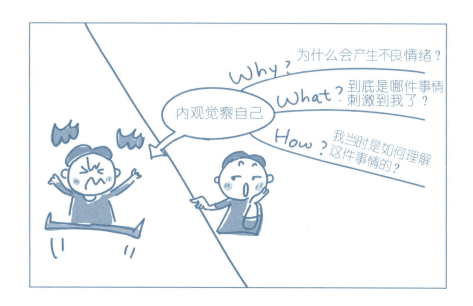

著名心理学家约翰·蒂斯代尔提出"交互性认知亚系统"理论，其是一种以正念为基础的认知疗法理论，该理论认为人一般有三种心理状态：无心／情绪状态、概念化／行动状态、正念体验／存在状态。[1]

无心／情绪状态是指人们缺乏自我觉知、内在探索与反思，一味沉浸到情绪反应中的表现；概念化／行动状态是指人们不去体验当下，只是在头脑中充满着各种基于过去或未来的想法与评价；正念体验／存在状态才是最为有益的心理状态，它是指人们去直接感知当下的情绪、感觉、想法，并进行深入探索，同时对当下的主观体验采取非评价的觉知态度。

---

[1] 连山.别让心态毁了你：不输阵的情绪掌控法［M］.天津：天津科学技术出版社，2014：6

进入正念状态，需要高度集中注意力去关注当下的一切，包括此时此刻我们的情感和体验，而不应当将自己陷入对过去的纠缠或对未来的困惑中。接受发生的一切，关注当下的感受，才能发挥"正念"的透视力，达到认知自我情绪、主动调适，从而反省当下行为进行调节以增加生活乐趣的目标。那么，如何将心理状态调整为正念体验／存在状态呢？就需要我们平时进行正念技能训练。根据莱恩汉博士的总结，正念技能训练包括"做什么"和"如何去做"两大类别技能训练。

第一，"做什么"的正念技能训练包括观察、描述和参与三种方式。

例如，当生气时，留意生气对身体形成的感觉，只单纯去关注这种体验，这是观察，观察是最直接的情绪体验和感觉，不带任何描述或归类，不要试图回应。

用语言把生气的感觉直接写出来即描述，如"我感到胸闷气短""心里紧张、冲动"，这都是客观的描述，描述是对观察的回应，通过将自己观察到或者体验到的东西用文字或语言形式表达出来，对观察结果的描述不能带有任何情绪和思想的色彩，描述要真实、客观。

对当前愤怒的感受和事情不予回避，这是参与。参与是指全身心地投入并体验自己的情绪。

在特定的时间内，通常只能用其中一种来分析自己的情绪，而不能同时进行。学会用这三种方式去感受自己的情绪，有助于平时留意自身情绪。

第二，"如何去做"的正念训练技能包括以非评判态度去做、一心一意去做、有效地去做。这些技能训练可以与观察、描述、参与三

种"做什么"正念技能训练的其中某一项同时进行。

以非评判态度去做，应当关注正在发生的一切，关注事物的实际存在，而不需要进行评价。仍以愤怒为例，当生气的时候，"应该""必须""最好是"都是带有评判色彩的语气。对于愤怒应当去接受，而不需要去评判。

一心一意去做，就是要集中精力去关注担忧、焦虑等不良情绪。美国宾州大学心理学教授托马斯认为，由于人总不能把握现在和关注此刻，容易产生焦虑和抑郁的情绪。基于此，托马斯提出了专治慢性焦虑症的心理疗法。"当你在焦虑时，你就专心焦虑吧。"他要求患者每天必须抽出30分钟时间在固定的地点去担忧自己平时担忧的事。在30分钟之内，患者必须全神贯注地担忧，30分钟之后，则要停止担忧，并要警告自己："我每天有固定的时间担忧，现在不必再去担忧。"

有效地去做，就是要让事情向好的方向发展，以有效原则衡量自己的情绪，可以避免感情用事，防止因为情绪失控而做出不恰当的事、说出不负责任的话。

我们通过每天的情绪变化去积极主动地调适自己的心理，可以在情绪激动时能及时察觉与反省自己的当下行为，学会控制自己的情绪，使自己在面对痛苦的时候缓解悲伤的情绪，并恢复到快乐的情绪状态。只有学会"感受"自己的感受，方能让自己在处理负面情绪时游刃有余。

有些人利用静坐来控制不良情绪，如每天静坐30分钟，有的人静坐盘腿感觉很难受，这时就容易产生，不安、易怒等不良情绪，但坐在那不动，可静静地观察这些感受。但也有的人静坐盘腿时感觉很开心，开心是因为他会主动接纳这些痛苦或不安。当你接纳这些感受后，慢慢地你就会发现，这些痛苦、不安的感受就消失了。其实情绪也是一种感受，它和这些身体上的痛苦感受一样，总归会消失，关键问题是你如何对待它。所以说，管理情绪就像静坐一样，需要静下心来练习。

二、改变圈子

一个人的圈子会对这个人产生非常大的影响。圈子对人的影响表现在很多方面，如果你想获得更多的正能量，那你就去多认识一些富含正能量的人；如果你想变得幸福，那你就多结交幸福感高的人；等等。当然，如果你整天跟怨声载道的人在一起，你肯定也会变成消极情绪爆满的人。所以说，跟什么样的人在一起很重要。有人说，那我现在的圈子该怎么办？答案很简单，该放弃的就放弃！只有放弃那些该放弃的，你才会有空间和精力进入新的圈子，甚至组建自己的新圈子。

那些成功人士、幸福感高的人士都有一个特点，就是爱学习，所以你可以多和这些圈子里的人打交道。慢慢地，你就会变得很有正能量，你会发现和原来的圈子聊不到一起去，这是因为你进步了。其实，改变你的圈子就是在打破框架，需要你下狠心才行。

三、修炼能量

（一）关于能量

所谓修炼能量，就是提升能量的过程。心理学家霍金森用了40年的时间，专门研究人的情绪和能量之间的关系。研究发现，人的所有情绪都是人体能量的外在表现。如果一个人的能量比较低，其情绪就表现为愤怒、焦虑、紧张、恐惧、悲哀等，基本全是负面情绪。如果一个人的能量比较高，其情绪就表现为勇敢、自信、理性、平和等。从上述结论反推，既然能量的高低会影响情绪的类型，那是不是提高能量就可以改变人的情绪状态呢？答案是肯定的。

这里讲的能量有两种类型，一个是外在能量，另一个是内在能量。外在能量大部分是天生的，如个子的高与矮，面孔的俊与丑，等等，个子高的人能量要比个子矮的能量高一些，声音好听的人要比声音不好听的人能量高一些。对这些外在能量，我们无法从根本上做过多干预，因为它是与生俱来的。那我们是不是就束手无策了？若能量不够的话，我们可以利用身边的资源来提升自己。如果说你的面孔不够出众，那你可以换一个更帅气或更美丽的发型，买一身合身的衣服，我们不追求在外表装饰上奢侈浪费，但要做到整洁大方，避免不修边幅的情况发生。

相对于外在能量，人的内在能量则占据主导地位。我们经常听说，这个人气质很好，那个人风度翩翩。气质、风度等看得见、摸得着吗？这些都是内在能量表现出来的。正是因为我们无法形容一个人的内在能量高低，所以只能说这个人气质很好，风度翩翩。

那如何能看出一个人能量的高低？我们可以通过一个故事来帮助大家理解。

案例1：

有一个年轻人，他所在的村子经常被一个魔鬼骚扰。这个魔鬼要求村民每个月都要来进贡它一次，如果不进贡的话，就会攻击这个村子。村民们既讨厌又生气，可是没办法呀，他们斗不过这个魔鬼，只能忍气吞声。

有一天，这位年轻人就站出来了，他告诉村民说自己要去打败这个魔鬼，保护村民。村民知道后特别开心，都来为这位年轻人加油鼓劲。

年轻人离开村子后，很快就找到了魔鬼。让这位年轻人没想到的是，他非常轻松地就打败了魔鬼。被打败的魔鬼就和年轻人说，年轻人，你已经将我打败了，我保证以后再也不去打扰村子，魔鬼还说每个月会送给年轻人10枚金币。

年轻人回到村子后，魔鬼果然没再来过，同时还收到了10枚金币。可是三个月后魔鬼就不再给金币了。年轻人非常生气，埋怨魔鬼不守信用，出尔反尔。于是这位年轻人找到魔鬼想再教训一下它。没想到，这三个月里魔鬼功力大涨，年轻人这次被魔鬼打倒在地。

被打败的年轻人很郁闷，为什么三个月的时间，魔鬼变得这么厉害？魔鬼接下来就讲了一段话：上一次你来跟我决斗的时候，你不是一个人来的，你是带着你们全村人的嘱托和利益来的。所以，上一次你身上带有全村人的能量，我自然打不过你。可是这一次你是为了自己的金币来找我的，我只需要对付你一个人的能量，所以你肯定不是我的对手。

一个人内在能量有多大，那就得看这个人心里装了多少人，是为了多少人而战。心里装着10个人，就有10个人的能量；心里装着100个人，就有100个人的能量；如果你心里永远想着自己，你就只有一个人的能量。所以，为什么有些人无论走到哪里，他都显得光芒四射？这就是内在力量的作用。因为他总是想着帮助别人，心里爱着孩子、父母、亲友和需要帮助的人，自然内在能量就高。

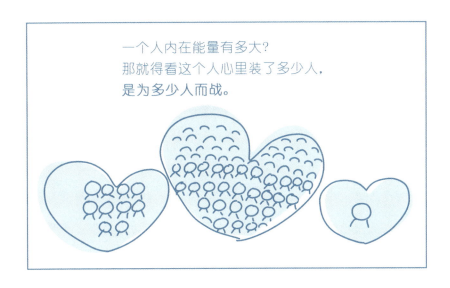

一个人内在能量有多大？
那就得看这个人心里装了多少人，
是为多少人而战。

（二）信念有大小

能量的高低和情绪状态有直接关系，我们该如何提升自己的能量呢？答案是树立信念。但是树立信念并不容易！有很多人在早期立下誓言，要成功，要拥有财富，他们通过打拼确实收获了财富。有些人希望子女成绩好，上个好大学，找个好工作，能够过上幸福的生活。这些信念都停留在个人层面。而有些人树立信念，希望子女可以考上好大学，将来有出息，可以强大我们家族，回报母校、回报社会，甚至报效祖国。这些信念就一层一层在加大，人有大愿，天必佑之。但树立的信念越大，面临的考验也越大。比如你想让孩子成为第一名。这时老天就考验你了，看孩子有点毛病你能不能忍受，孩子有自己的想法你能不能承受。有些人光说不做假把式，虽然树立了信念，但受到一点考验就受不了了，就放弃了，当然就不会成功了。

拓展阅读

心境豁达宽裕，就会更受欢迎[①]

人有一分器量，便有一分气质；有一分气质，便多一分人缘；有一分人缘，必多一分事业。虽说器量是天生的，但也可以后天学习、培养。我们阅读历史，多少名人圣贤，有时不赞其功业，而赞其器量。所以器量对人生的功名事业至关重要！有器量的人在为人处世上表现出豁达大度。豁达的人，常常是乐观的人。所谓乐观，按照某位哲人的说法，就是乐观的人与悲观的人相比，仅仅是因为后者选择了悲观。

豁达的人在遇到困境时，除了本能地承认事实、摆脱自我纠缠之外，还有一种趋乐避害的思维习惯。这种趋乐避害，不是为了功利，而是为了保持情绪与心境的明亮与稳定。这也恰似哲人所言，所谓幸福的人，是只记得自己一生中满足之处的人；而所谓不幸的人，是只记得与此相反的内容的人。每个人的满足与不满足，并没有太多的区别，幸福与不幸福相差的程度，却相当巨大。

观察、分析一个心胸豁达的人，你往往会发现，他的思维习惯中有一种自嘲的倾向。这种倾向，有时会显于外表，表现为以幽默的方式摆脱困境。自嘲是一种重要的思维方式。每个人都有许多无法避免的缺陷，这是必然。不够豁达的人，往往拒绝承认这种必然。为了满足这种心理，他们总是紧张地抵御着任何会使这些缺陷暴露出来的外来冲击，久而久之，心理便变得脆弱了。一个拥有自嘲能力的人，却

[①] 端木自在. 不生气, 你就赢了[M]. 南昌：江西美术出版社，2017：67-69.

可以免于此患。他能主动察觉自己的弱点，没有必要去尽力掩饰。

从根本上来说，一个尴尬的局面之所以形成，只是因为它使我们感到尴尬。要摆脱尴尬，走出困境，正面的回避需要极大的努力，但自嘲却为豁达者提供了一条逃遁出去的轻而易举的途径，那些包围我的本来就不是我的敌人。于是，尴尬或困境，就在概念上被消除了。

豁达也有程度的区别，有些人对容忍范围之内的事，会很豁达，但一旦超出某种限度，他就会突然改变，表现出完全相异的两种反应方式。最豁达的人，则能将容忍限度扩大。

案例2：

有一次，柏林空军军官俱乐部举行盛宴，招待有名的空战英雄乌戴特将军，一名年轻士兵被派去替将军斟酒。由于过于紧张，士兵竟将酒淋到将军那光秃秃的头上去了。周围的人顿时都怔住了，那闯祸的士兵则僵直地立正，准备接受将军的责罚。但是，将军没有拍案大怒，他用餐巾抹了抹头，不仅宽恕了士兵，还幽默地说："老弟，你以为这种疗法有效吗？"这样，全场的紧张气氛被一扫而光。

案例3：

据说一位店主的年轻帮工总是迟到，并且每次都以手表出了毛病作为理由。于是那位店主对他说："恐怕你得换一块手表了，否则我将换一位帮工。"这话软中带硬，既保住了对方的面子，又严厉地指出了对方的过失，这样比较易于让对方接受。

宽容就像清凉的甘露，浇灌了干涸的心灵；宽容就像温暖的壁炉，温暖了冰冷麻木的心；宽容就像不熄的火把，点燃了冰山下将要熄灭的火种；宽容就像一只魔笛，把沉睡在黑暗中的人叫醒。遭受的每一个来自别人的伤害，实际上也是一种品格乃至心志的磨炼。从这种意义上说，每个伤害过我们的人，都是我们生命中的贵人。所以，我们要感谢那些曾经伤害过我们的人！正因为那些伤及身心的疼痛，使我们变得坚强起来，并学会笑对生活中的每一场折磨，然后走向优秀和卓越。

第15章
如何处理别人的情绪

马克思主义告诉我们，世间万物都是相互联系的，人生在这个社会，都要和周围的人产生联系。所以说，当我们产生情绪时，一定会影响到周围人；反过来，当周围人有情绪时，也会影响到自己。如果周围人的情绪状态都非常好，那我们的情绪可能也会被带动得很好；如果周围人的情绪非常消极，可能也会拉低我们的情绪状态。我们不能指望让周围的人有个好情绪，然后带动自己的情绪。我们不能被动等待别人一定给我好情绪，而是要想办法帮助周围人建立好情绪，这才是真正的情绪高手。

一、如何觉察别人的情绪

要想处理他人情绪，前提是要能够去觉察别人的情绪，了解别人的情绪，最后才有可能去帮助他人。我们如何去觉察和了解别人的情绪呢？

当一个人产生情绪时，其眼神、面部表情、肢体动作、声音等会出现相应的表现，所以，我们可以通过观察这些外在表现判断一个人的情绪状态。除了面部表情外，通过声音和呼吸，也可判断一个人的情绪状态。例如，两个人在交谈时，其中一人的声音越来越大，那个人很有可能已经产生愤怒情绪了。

肢体动作也可传达出一个人不同的情绪状态。例如，一位妈妈在对孩子提要求时，孩子突然捂住耳朵并且疯狂摇头，说明孩子出现了厌烦的情绪，孩子很有可能在表示："我不喜欢你说的要求，讨厌！"。如果一个人在接完电话后用力地握紧拳头，紧咬牙关，瞪大眼睛，那这个人此时此刻可能非常生气。

二、如何帮助别人处理不良情绪

了解别人的情绪不是目的，真正的目的是帮助别人解决情绪问题。通常，当他人的情绪不是由你而起时，我们可以使用下列方法，至于具体使用哪一种方法要结合现实情况而定。

（一）冷处理

冷处理的意思很简单：不介入、不干预或不处理。

一方面，不要急于帮助别人解决情绪问题。有多少家长一看到孩子着急，家长也跟着着急；看到孩子有情绪，家长也有情绪。每当看到孩子产生不良情绪时，父母就想帮助孩子解决问题，其实大可不必这样做。孩子产生不良情绪不一定是坏事，每次都由你帮助他解决情绪问题，孩子就很难掌握解决情绪问题的方法，万一哪一天孩子又有情绪问题，恰巧你不在他身边，孩子很有可能会手足无措。当孩子亲身经历一些情绪体验时，慢慢地他就会思考为什么有情绪，该怎么做，等等。情绪是成长的机会。

另一方面，不要成为别人情绪的垃圾桶。如果你处理得不好，很有可能自己被别人影响，也产生不良情绪。有时劝架的人也会被带入，说的就是这个道理。

所以，不是所有的问题都需要处理，也许他产生的不良情绪只是暂时的，表达情绪只是他宣泄的过程，宣泄完就没事了，时间是最好的解药。

（二）行为支持（我与你同在）

如果有一天，你发现你的同事因一些事情很伤心，你很想走上前去安慰她，可是又不知从何说起，该怎么办？那就给他（她）递张纸巾，或者给他（她）一个拥抱。为什么不用语言安慰他（她）呢？因为万一他（她）不想说话，或者说出的原因你也没办法解释，造成尴尬局面不说，反而可能会加剧对方的情绪，所以，在这种情况下，行为上的支持比语言更有效。

（三）语言安慰

当一个人正在表达不良情绪时，你对他进行语言安慰是没有太大效果的。但有时你又不得不说些什么，所以语言安慰也很重要。一般情况下，在用语言安慰他人时，开头要说：我理解你现在的心情。用语言安慰他人时，切记不要说下述话语："你别生气了，生气有什么

用呢!""生气对身体不好。"……这些话一旦说出口,极有可能让对方更加产生不良情绪。

之所以用语言安慰处于不良情绪中的人没有多大效果,是因为你很难懂得对方心里真正在想些什么?除非对方愿意和你多聊,否则你多说无益。一句简单的"我理解你的感受",就可以达到目的:让对方知道你在关心他。

(四)共情和提升

"共情"是心理学上的一个术语,也叫同理心。所谓同理心,就是站在对方立场上去思考的一种方式。通常我们有类似的经历:在面对同一件事情时,我们自身会体现出一种立场,当你设身处地地站在别人的立场上去思考的时候,便能够深切地感受到对方的情绪状态,于是在沉浸于情境的感悟中,能够做到对他人的理解、关心和支持。心理认同是同理心的重要内容,这就是同理心所揭示的一个道理。

常常有人会说:"你怎么那么说话呀,真是饱汉不知饿汉饥。"事实上,吃饱的人从自己的立场出发看待问题并没有错,因他不知道饥饿的痛苦滋味,但他没有从饥饿的人的角度思考问题,故容易引起对方的怨气。

在现实生活中,面对诸多矛盾和问题,很多人会对他人产生愤怒情绪。他们认为将责任推卸给别人是解决问题最简便的一种方式。殊不知,面对自身所遇到的情绪问题,采用如此的态度和行为,恰恰使

当事人陷入不良的情绪循环。当他们认为别人不欣赏自己、愚弄自己的时候，便会产生避免使自己成为受害者的心理，而愈加对别人产生愤恨。在迁怒于别人的过程中，他更会为自己可能遭受的报复感到恐慌，从而更加固执地认为对方十分鄙视他们，如此往复循环，恶性的心理情绪将最终导致个人心理疲惫与情绪失控。

在心理学中，这种现象又被称为"反射—惯性"。当事人的行为起初是一种条件反射，这让自己对过错感到心安理得，于是他们继续这种行为，不断强化对他人误解的惯性。假如对方真的与之相对抗，便有可能使两者都陷入情绪的恶化状态中，谁都下不了这个台阶。

情绪问题几乎都产生于人际交往的过程中，这就关系到心理认同这条基本的人际关系法则。要想走出"反射—惯性"这一怪圈，培养并加强同理心势在必行。行动对人的影响与个人的切身体验密不可分，有人在心理认同方面做得不到位，与别人的相处总表现得冷冰冰；有人热心为别人着想，同理心法则运用得好，则会拥有温暖的友谊和良好的人际关系。因此，学会替别人着想，多站在别人的立场上去考虑，而不要以恶意去揣度别人，这有助于我们工作、生活的各个方面取得良好的效果。

当对方愿意和你深入交谈时，这时共情就很重要了。你要深入对方所遭遇的处境，表达出自己真实的感受，当你的感受和对方相同时就会产生共鸣。但要注意一点，共情之后要有提升。原本你的情绪状态还是很好的，结果为了安慰对方，和对方共情后，你也进入对方的情绪状态了，她哭你也哭，她生气你也跟着生气，这不是共情的最终目的。

当你带着清醒的头脑和对方共情后,你还要保持清醒去帮助对方分析情绪产生的原因。例如,假设有一天,你的好朋友失恋了,她非常伤心、难过,然后不停地哭泣。如果你和她说,哭什么哭,哭有什么用?她很有可能不会和你交流。而如果你和她一起伤心,甚至一起哭,她就会觉得你俩有共鸣。当你进入她的情绪状态后,一定要保持清醒,不能陷入对方的情绪状态。当引起共鸣后,她会向你倾诉心中的感受,情绪也会随之慢慢消退,这时你就可以用你的情绪能量去提升对方的情绪能量,当对方的情绪能量提高后,她会慢慢地从负面情绪转变到正面情绪中。

在教育孩子时,同样需要共情。假设有一天,你的孩子放学回到家里和你说:"妈,今天我气死了!我讨厌班主任,他批评我,我被冤枉了!"相信不少家长会说:"老师为什么只批评你?肯定是你表现得不好!"孩子极有可能会冲你大喊:"我没有,老师就是冤枉我!"或者直接冲进房间,关上房门,不想再理你。

而如果妈妈这样回应孩子:"老师怎么可以这样?老师怎么能冤枉人呢?"这个时候妈妈也要表现出些许生气的情绪,当然不是真的生气。孩子看到妈妈这样回应,他会想原来妈妈和自己是在同一条战线上的。这时进一步提升:"被老师冤枉和批评确实让人很难过,我小时候也被老师批评过。但是孩子,你要知道,老师也是人,人都会犯错。老师冤枉你可能是因为他不知道真相,所以他就错误地批评了你。你可以主动找老师说明情况。"慢慢地把孩子从愤怒的情绪中带出来,再对孩子进行引导教育。

第15章 如何处理别人的情绪

245

三、最高的情商是"善良"

有人误把"情商"当成一种技术来使用。当一个人被形容"这个人情商很高"时,对方不一定是在褒奖这个人,反而是想表达"这个人太聪明了,要小心他才行"。反之,如果有人说,"这个人傻傻的,总是在吃亏,我们要多去帮助他",其实这个人真的傻吗?他的内心装有许多人,他愿意为别人付出,愿意付出真诚。我们要把情商拉到"善良"的高度,让孩子有一颗善良的心。

如果有人帮助了你，千万记得要报答人家；等你有能力了，一定要去帮助别人。要让孩子学会感恩与利他。要愿意让自己成为那个能给别人带来帮助的人，而不是等着别人帮助自己。真心地对待周围的人，如跟父母在一起时，就做好儿子的角色；和兄弟姐妹在一起，做好哥哥／姐姐或弟弟／妹妹的样子；在家里，做好丈夫／爸爸或妻子／妈妈的角色；在公司，做个好领导；跟朋友在一起，遵守道义。对国家，能以国家为重，培养新一代的接班人。

拓展阅读

（一）帮助他人的同时也提升了自己

印度有句古老的谚语：真正的幸福里一定有让他人快乐的成分。世界上的人可以分为以下几个层次：

（1）损人不利己的人；

（2）损人利己的人；

（3）不损人利己的人；

（4）利人利己的人；

（5）舍己为人的人。

其实，世界上根本就没有损人利己的事，因为损人的同时早晚会损己；而世界上最高级别的利己，其实就是帮助他人，帮助人可以明显提高自己的幸福感。①

第一，帮助他人可以影响或改变你对自己的认识，让你觉得自己是一个有同情心、乐于助人的人，进而提高自我价值感。第二，助人者会得到赞扬、肯定和认可，而被认可是人除了安全需求之外的最大需求，甚至对于一些安全感缺乏的人来说，被认可是他们的第一需求。第三，助人会使你不自觉地提高个人能力、觉察和修养，也会使你有机会拓展资源和提高专业能力，你的路也会越走越宽。甚至有科学研究已经证明，助人可以提高健康指数。

美国耶鲁大学和加州大学合作研究了"社会关系如何影响人的死亡率"这一课题。研究者随机抽取了 27 000 人进行了长达 14 年的跟踪调查，研究人员发现，与他人相处和睦的人寿命较长；反之，则较短。良好的社会关系与人际关系有益于人的身心健康。因为人际关系和睦会让你精神松弛，能消除日常生活或工作的紧张和压力感；人际关系紧张

---

① 海蓝博士. 不完美，才美Ⅲ：做自己情绪的主人[M]. 北京：北京联合出版公司，2019：372-373.

会让你心情不愉快,精神上有压力,而紧张和压力又是许多精神和心血管病的诱因之一。① 生命说到底是一场体验,是一场绽放自己、丰富自己的体验,在帮助别人的体验中最容易收获充实和幸福。

(二)优越感倾听和同理心倾听

案例1:

美国著名主持人林克莱特采访一个小男孩,问:"你长大之后想要做什么?"

小男孩说:"我要当飞机的驾驶员。"

林克莱特接着问道:"如果有一天,你的飞机飞到天上,所有引擎都熄火了,你要怎么办呢?"

小男孩认真想了想,回答说:"我会先告诉飞机上的人系好安全带,然后我背上我的降落伞跳出去。"

听到这里,观众哄堂大笑,有人边笑边议论说:"这孩子只顾自己逃命呀。"

林克莱特又问:"你为什么要这么做呢?"

小男孩握紧小拳头大声地说:"因为我要去拿燃料,我还要回来的!"

观众席一时鸦雀无声,几秒钟后,现场爆发出了热烈的掌声。②

---

① 吕洪章. 为了您的身心健康处理好人际关系[J]. 中国卫生画刊,1990(1):30-31.

② 宁静. 管理者倾听的艺术[J]. 进出口经理人,2008(2):76-77.

这个故事里，现场观众还没等小男孩说完话，就用自己的主观想法曲解小男孩想表达的本意，导致这个真诚善良、勇敢无畏的小男孩差点被误解成一个自私自利、危难时刻只顾自己逃命而不管别人死活的人。当小男孩说出要去拿燃料再回来救乘客时，不知道那些误解他的观众会做何感想。

现场观众对小男孩的误解，跟日常生活中很多父母不听解释、武断地对孩子的行为下结论的做法惊人的相似。有分析发现，90%以上的父母在和孩子沟通的时候，都没耐心听完孩子的话，就急着按照自己的理解，迫不及待地表露态度或者直接说出自己的观点，多半还会对孩子加以训导。结果常常是父母误解了孩子，孩子感到极大的不被理解，甚至委屈、愤怒。为什么会出现这样的现象呢？

这是因为"不听话"父母用错了倾听的方法，他们开启的是"优越感倾听"模式。什么是"优越感倾听"？就是听孩子说话的时候，父母会不自觉地带有一种优越感——"我是你爸（你妈），我吃的盐比你吃的饭多，走过的桥比你走的路多，所以我懂的也肯定比你多，你就不用说那么多了，都听我的！"

"听"的繁体字是"聽"，仔细观察可以看出，倾听需要我们做到"十目一心，用耳为王"。也就是说，我们一定要用眼睛聚精会神地看着孩子，然后用耳朵专注地倾听，把嘴闭上，把说话的权利完全交给孩子。但是，大多数父母在和孩子沟通的过程中，往往用的不是繁体字的"聽"，而是简体字的"听"。我们把简体字"听"拆分来看左边是"口"，指一直在用嘴说话；右边是"斤"，相当于用嘴说

话的同时，还一直斤斤计较。

当父母用"听"的时候，会怎么样呢？往往是孩子刚说了个开头，父母就粗暴地打断："哎呀，行了，你别说了，说半天也没说明白！"或者还没等孩子说完，父母就不耐烦地开始输出观点："你说的都是啥呀？我觉得应该……"然后讲一大堆道理。其实，孩子要传递的真正信息父母并不知道，那么，父母输出的那些话很可能谬以千里，这样的沟通自然就无效了。

全球著名的管理学大师史蒂芬·柯维关于同理心倾听给出过这样的观点，每个人都有一种想要对别人的话进行评论的自然倾向。比如，当听完演讲后，一个人说："我不喜欢那个人的演讲。"这个时候，其他人的自然反应是从自己的观点出发，来评价这句话。比如说："我也不喜欢。""没有啊，我觉得挺好的。"……而同理心倾听，是当别人发表了一个观点时，我们应该给出的反应是："为什么呢？我想听听你的观点。"接下来，你会发现，无论我们是否认同对方的观点，都会从中得到一些启发。

"同理心倾听"是值得推崇的方法。它可以帮助我们解决很多看起来很困难的亲子沟通难题。运用同理心倾听要注意以下要点：

第一，眼睛聚精会神地看着孩子，做到"十目一心，用耳为王"。我们可以看着孩子的眼睛或者眉心，然后用耳朵认真专注地倾听，把自己想象成一个容器，不管孩子说什么，我们都先放进去。同时，把嘴闭上，把说话的权利完全交给孩子，让孩子感受到我们对他的尊重，让孩子觉得自己是被重视的。

第二，重复孩子说的话。只要简单重复就可以，比如重复孩子最后一句话或半句话，这样会让孩子感受到，我们确实是在认真听。

第三，站在孩子的角度，换位思考去理解孩子说的话。不要用自己的惯性思维去解读孩子的话，而是真正站在孩子那边，去理解孩子想表达的意思，不明白时要问孩子："为什么？你是怎么想的？"

第四，全程保持语气平稳、态度温和。尽管技巧重要，但更重要的是我们对孩子的态度，这是孩子能够真切感受到的。

（三）对无理行为，要切中要害，反击要猛[①]

对无理行为进行语言反击，不能说了半天不得要领，或词软话绵，而要做到打击点要准，一下子击中要害；反击力量要猛，一下子就使对方哑口无言。

案例 2：

有一天，彭斯在泰晤士河畔见到一个富翁被人从河里救起。富翁给了那个冒着生命危险救他的人一块钱作为报酬。围观的路人都为这种无耻行径所激怒，要把富翁再投到河里去。彭斯上前阻止道："放了他吧，他自己很了解他的一条命值多少钱。"

对无理行为进行反击，可直言相告，但有时不宜锋芒毕露，露则太刚，刚则易折。有时，旁敲侧击，绵里藏针，反而更见力量。

遇到无理的行为，首先要做到的就是不要激动，要控制情绪。这

[①] 牧之. 情绪急救：应对各种日常心理问题的策略和方法 [M]. 南昌：江西美术出版社，2017：138-140.

个时候的心境平和，对反击对方有重要作用。

一是表现自己的涵养与气量，以"骤然临之而不惊，无故加之而不怒"的大丈夫气概在气势上镇住对方，若一下子就犯颜动怒，变脸作色，这不是勇敢的行为。古人曰："匹夫见辱，拔剑而起，挺身而斗，此不足为勇也。"对方对此不但不会惧怕，反而会对你的失态感到得意。

二是能够冷静地考虑对策，只有平静情绪，才能从容地想出最佳对策，否则就可能做出莽撞之举来，更不要说什么最佳对策了。

在现实生活中，大多数指责者并不是出于恶意而指责别人，但也有极少数人为了其个人目的对他人进行恶意中伤。对于这样的寻衅挑战者，应该坚定地表明自己的态度，不能迁就忍耐，更不能一味宽容而不予回击。回击应注意态度，以柔克刚，这样会使你显得既有气魄，又有力量。